励志 蝶变篇

学习很苦

坚持很酷

读者杂志社 编

U0754961

读者出版社

图书在版编目（CIP）数据

学习很苦，坚持很酷 / 读者杂志社编. -- 兰州 ：
读者出版社，2024.5（2024.7重印）
ISBN 978-7-5527-0808-0

Ⅰ．①学… Ⅱ．①读… Ⅲ．①人生哲学—通俗读物
Ⅳ．①B821-49

中国国家版本馆CIP数据核字（2024）第086119号

学习很苦，坚持很酷

读者杂志社　编

总 策 划　宁　恢　王先孟
策划编辑　赵元元　王书哲
责任编辑　王宇娇
助理编辑　张紫妍
封面设计　江蕴屿
版式设计　甘肃·印迹

出版发行　读者出版社
地　　址　兰州市城关区读者大道568号（730030）
邮　　箱　readerpress@163.com
电　　话　0931-2131529（编辑部）　0931-2131507（发行部）

印　　刷　天津鸿彬印刷有限公司
规　　格　开本710毫米×1000毫米　1/16
　　　　　印张13　字数195千
版　　次　2024年5月第1版
　　　　　2024年7月第2次印刷
书　　号　ISBN 978-7-5527-0808-0
定　　价　59.00元

目录

壹

那些散落在
时光里的温暖

落在父亲生命中的雪

熊荟蓉

"落在一个人一生中的雪，我们不能全部看见。每个人都在自己的生命中，孤独地过冬……"

这是作家刘亮程说过的一段话。父亲节来临之际，它催生了我潜藏的泪水，将我带进那久远的艰难岁月，也让我分外清晰地看到了那些落在父亲生命中的雪。

查出患心脏病和高血压时，父亲才三十出头，那时我刚上初中。那时候的秋天好像特别冷，九月一开学就需穿上夹衣了。我每周都要穿过四五里长的田间小路回家，带着一罐头瓶腌菜和五毛零花钱返校。

开学不久后的一个周末，我回到家，意外听到母亲边哭泣边说："你这病要长期吃药，又不能负重，卖棉花的钱不晓得哪天能兑现，我看就让蓉儿去学裁缝吧。湾子里就她一个姑娘在读书了……"

父亲的声音干脆利落："蓉儿聪明，是读书的料。这话以后不要再提。我这病一时半会儿也不会要命，咱们悠着点，日子能过得去的……"

我装作什么也没有听见，径去厢房找饭吃。只是后来在返校时，拒绝接受父亲递过来的五毛钱。父亲没有勉强，他默默推出自行车，送我上学。

乡间土路，逼仄坑洼，一边是水沟，一边是田地。自行车买回家才半年，父亲车技不佳。我在车后座上摇晃，提心吊胆。

过谭湖段时，猛一阵颠簸，父亲和我连人带车翻到田里。我只是被稻草扎了一下，并无大碍。父亲却歪在车下，挣不起身子来。

在我的帮助下，父亲才重新站起来。他拍拍身上的泥土，有些尴尬地笑了笑，随即提出要我坐在车上，他继续推车行进。

我说："学校快到了，你先回去吧。"他没有坚持，叮嘱我好好念书，就调转车头。

绚烂的夕阳余晖中，他摇晃在自行车上的黑瘦的背影，显得那么单薄而苍凉。我不忍看第二眼，铆足劲儿朝学校奔跑。

回到学校，在书包的夹层里，我发现了被刻意藏着的五毛钱。每周的这五毛钱，是用来补充维生素的。

那时候，我们自己淘米，用铝盒煮饭吃。下饭的菜，就是从家里带来的酱萝卜、洋姜、霉干菜之类。条件好点儿的学生，可能会带些榨菜炒肉、干鱼什么的。父亲说光吃腌菜不行，要我打点青菜，补充维生素。

五分钱一个的青菜，我本来就舍不得买，这时更不会了。我的零用钱都花在了买纸笔和蜡烛上。晚自习下课后，教室就停电了。还想学习，就只能点蜡烛。一支蜡烛八分钱，能点两个晚上。

直到现在，我都记得蜡烛那淡淡的熏香味，记得镜子里那黑黢黢的鼻孔，记得考了好名次后老师那高分贝的表扬声，记得同学们羡慕和嫉妒的眼神。

说到底，那时我更沉浸于小我的感受，并深以自己的刻苦努力为荣。当我朝着自己的目标坚定奋斗的时候，我看不到落在父亲身上的雪，那沉甸甸的雪。

又一个周末回家，见到一脸苦相的大舅正在堂屋里跟父亲说着什么，之

后，父亲回到房里拿出一张条子交给他："这是 150 块，你先对付一下。以后，
不要再赌了……"

大舅走后，母亲嘟哝开来："我们的日子都愁得没有法子，你倒是会做好
人，给他钱，丢到无底洞里……"

父亲沉下脸来说："他求到我们这里了，总不能让他空着手回去。"

然而，父亲的不忍，终是将自己拖进了更深的冬天。那时候，除了田地
的收入，我家再没有其他来钱的途径。家里意外支出的这 150 元钱，只能通
过精打细算、节衣缩食来弥补了。

那一个秋冬，我们连红薯和甘蔗都没有吃足，更不用谈鸡蛋和面饼了。
所有能换钱的东西，都被父亲打进了算盘。

红薯和甘蔗都被择优下了窖，留待正月里卖钱。芋环、慈姑各留了两碗，
用来招待拜年的客人。花生就炒了一筛子，过年塞了一下牙缝。元宵节，我们
甚至连蒸肉都没吃一片。就是这样，我还是听到父亲对母亲说："我们只有 90
块钱了。"

记忆中，每年的元宵节晚上，父亲都要跟母亲交家底。在 20 世纪 80 年
代初期，我们姐弟每学期的学费就得二三十元，还有种子、农药、化肥，以及
三亲六眷的红白礼金，都是逃不脱的开支。我不晓得父亲是怎么用这 90 元让
全家渡过难关的。

有一点可以肯定，父亲没有向别人借钱。

父亲外表瘦弱，骨子里却硬气得很。他一生都没有向任何人借过一分钱。
家里建了两栋房子，都是把材料和钱攒齐了才开工。对家庭事务，他长计划短
安排，从不打无准备之仗。后来，即使因病下了辞世的决心，他也是把自己的
丧葬费用凑够了才离开。

父亲总是说："节省要从坛子口开始。"意思是等一坛子米快吃完了，再

节省就没有用了。所以，我们吃过麦米粥、杂粮焖饭、高粱粑子，但我们家的
大米缸从未空过。我们穿过补丁缀补丁的衣裤，但我们在冬天从未挨过冻。

　　我们生命的每一抹暖阳、每一缕清光，其实都是父亲用孤独的雪擦亮的。

现在，我总是想起父亲，想起他为我们所默默承受的苦，那些不曾诉说的累，

那些悄悄化掉的冰……

　　父亲，一直都在自己的生命里，孤独地过冬。落在他一生中的雪，今天，

终于被我看见。

当妈妈开始加速衰老

尹海月

过去两年多，张浏浏目睹了妈妈身体的坍塌：她先是上肢无力，不能抬重物，然后连头绳都扎不上。她走路的速度越来越慢，再后来，无法独立起卧、行走，话也说不清了。

起初，家人们都以为她的身体乏力源于过度劳累，直到 2020 年 4 月，妈妈被确诊为渐冻症。在此之前，张浏浏对这个病了解不多。妈妈确诊后，他才知道，那意味着，未来 3 到 5 年内，妈妈的身体会一点点被"冻住"，直到"只能眨一眨眼睛"，最后，因为呼吸衰竭而亡。那一年，张玉红还不到 50 岁。

这个在南京林业大学读大三的年轻人意识到，和妈妈的"每一次分离都可能成为永别"。

2021 年年末，张浏浏把记录妈妈生活和他在校生活的视频素材，剪成一条视频。视频时长 8 分 20 秒，因为 8 月 20 日是妈妈的农历生日。

视频在网站的播放量高达 150 多万，5000 多人留言。人们从这个视频中解读出"勇气、希望、乐观、英雄主义"，并在屏幕下方，分享自己的故事。张浏浏几乎给每一条评论点赞，还给一名网友留言："生命宝贵，不能浪费。"

一

张浏浏放寒假，回到江苏盐城的家。白天，护工照顾妈妈，晚上 6 点开始，他的时间属于妈妈。先是喂妈妈吃饭，因为妈妈咀嚼功能退化，吃一顿饭要三四十分钟，他中途要热三四次饭。吃完饭，妈妈嘴里有碎屑，他用牙刷清理后，再帮她漱口。

饭后，他和爸爸抱着妈妈去上厕所，喂妈妈喝中药，帮她清理口中的痰。之后，每隔十几分钟，他就要把妈妈拉起来，扶着她在屋里走动。

晚上 9 点，是按摩时间。通常需要按二三十分钟，然后，他打开电热毯，调好温度，把妈妈抱上床，帮她调整好睡姿，都忙完，已经到晚上 10 点。

张浏浏在两年内，看着妈妈一步步变成现在的样子。2020 年 1 月，他放寒假，妈妈来火车站接他，脸上挂着笑容，看起来和正常人没什么不同。

后来，他才意识到，那是妈妈第一次接上大学的他回家，也是最后一次。

2019 年夏天，张浏浏的小姨注意到，姐姐总说没劲，炒菜时手抬不起来，切菜也很慢。

2020 年年初，张浏浏回家后，发现妈妈总是无力，手臂抬不起来，没法扎辫子，有时候骑电动车，车一晃动，人就摔跤。起初，张玉红以为是颈椎病，去盐城一家三甲医院看病，没什么问题。

2020 年 4 月，见症状没有好转，张浏浏陪妈妈去上海一家医院看病，查出来是渐冻症。母子俩都不相信，又挂了一次"专家特需"，结果还是渐冻症。

随着时间推移，妈妈开始不能做饭、洗衣服，说话也吐字不清。张浏浏半年多没有去学校，一边在家上网课，一边陪伴妈妈。

那段时间，家里没有找护工，爸爸很少回家，他全天照顾妈妈，每天给妈妈熬两次中药，熬一次需要两三个小时，每隔二三十分钟查看一次。

为了延缓身体的萎缩，张浏浏经常给妈妈按摩。妈妈生病前，自学会计，给银行做账。生病后，妈妈无法敲键盘，张浏浏不上网课时，就在妈妈指导下做表格。

张浏浏说："那段时间很辛苦。"一年下来，他瘦了16斤，头上冒出很多白头发。

疾病不仅夺去了妈妈的健康，也剥夺了他社交、娱乐的时间。

妈妈几乎成了他的全部，而在这之前，他是妈妈的全部。张浏浏说："这些年，妈妈几乎没有自己的生活，平时不是在学习，就是在家里打扫卫生，不看电视剧，也不买护肤品，很少添置新衣服。"

她唯一的爱好是看书，大多是教育类的。以前每年过生日，妈妈送给他的礼物都是书，还有新华书店的储值卡。莫言获得诺贝尔文学奖那一年，妈妈买了一本《蛙》送给他，实际上，妈妈不了解莫言，"她的爱有时候很笨拙"。

张浏浏很少和朋友谈及妈妈的病情，他认为倾诉无法解决问题。有时候在家烦闷，他晚上打一两个小时游戏排解，或者吹十几分钟口琴，陪妈妈练习走路时，放一会儿钢琴曲。

他很少看到妈妈脆弱的一面。他去上学后，外婆照顾妈妈。有一次，家人吃饭，张玉红吃着吃着掉泪了，说大家都好好的，就她还需要人照顾。

二

张浏浏形容当时看到妈妈的感受，"一下子有了紧迫感和失去感"。

他再次当起了妈妈的护工，"心态比以往更加积极"。扶妈妈走路时，他和妈妈面对面，让她的双手搭在自己的腰上，她向前走一步，他往后退一步，走1米需要1分钟。

时间长了，他熟悉妈妈的行为语言：眼神一瞥，是想喝水；坐着时摇头，是想起来活动活动。

　　一天晚上，他扶着妈妈从客厅走到卧室，卧室里没有开灯，暗暗的。两人坐在床边休息，看到对面楼人家的客厅亮堂堂的，一家四口都在家里。妈妈盯着对面看，还说："你看，女儿放假回来了。小的那个在地上到处跑。真好啊。"她说完，又盯着窗户外面看了很久，脸上透露出羡慕和向往。

　　这一幕，被张浏浏看在了眼里。他没说话，也盯着对面看，越看越觉得难过，想到妈妈"善良美好"，却患上重病，再也无法获得这样简单的幸福，"窗户两侧是两个世界"。

　　那个冬天，他真正感受到渐冻症的残酷。"妈妈一个月就变一个样子，今天你发现她好像不能走了，过一阵子你发现她必须卧床了，再过一阵子，你就发现她呼吸都困难了。"

　　影像是他留住妈妈的方式。早在妈妈确诊时，他就开始记录，第一个视频是妈妈叫他起床，看到妈妈摇摆着胳膊，活动身体，他觉得很可爱，拍了下来。他也拍妈妈在窗户边晒太阳、吃烧饼，都是"快乐和有意义的时刻"。

　　在所有和妈妈做的事情里，他觉得最浪漫的，是把妈妈抱到窗户边的椅子上，陪她看窗外的蓝天和白云。

　　想到没有和妈妈外出旅游过，他觉得遗憾，在微博写下，"想把世界带到你面前"。每去一个地方考试，他都和妈妈分享见了哪些朋友，他们过着怎样的生活。

　　回学校后，他考雅思、英语六级、计算机二级。每次考试，他都把考点定在其他城市，"体验不同城市的风土人情"。他去了武汉、长沙、重庆、苏州，最长的一次旅途，坐了25小时的绿皮火车。

　　2021年10月，张浏浏回家给妈妈过生日，买了一个生日蛋糕，上面写着"全世界最好的妈妈"，那时，妈妈连蜡烛都吹不动了。10月末，他在学校图书馆学习，给妈妈发拥抱的表情，妈妈回复给他一个拥抱。一个星期后，他才知道，那是妈妈用一只手的关节敲出来的，是她自己能发出的最后一条信息。

三

2021年年末，在朋友的鼓励下，张浏浏决定创作一条视频，纪念21岁。他想过视频里不出现妈妈，但后来觉得，"这才是我真实且完整的21岁"。

视频里的妈妈总在笑。他说，妈妈生病后，他每天只做一件事，"让她开开心心度过每一天"。他把考证、旅游、和妈妈相处的点滴时刻都剪到视频里，配上欢快的音乐。

剪完后，他没发给妈妈看，"怕妈妈看到后伤心，自己在学校，没办法安慰她"。几天后，亲戚们看到后转给妈妈，妈妈才看到。

视频发布后，很多人跟他分享自己的经历，说被他的生活态度打动，"一起加油"的弹幕占据了屏幕。

妈妈生病后，家里积蓄渐渐被掏空，要靠亲戚帮衬，有网友私信张浏浏，想给他捐款，张浏浏婉拒，"不能随便接受别人的东西"。他还谢绝了一家公司主动提供的职位，准备考研，并为此去电视台实习，导演话剧。

他想拍一部介绍渐冻症的电影，让更多人了解渐冻症患者这个群体。还有一个梦想是，拍一部电影，把妈妈的故事讲给更多人听。

很多人问他，是什么支撑他走过这两年。他总说，是妈妈的爱。以前，他在盐城读私立高中，妈妈专门去陪读。那段时间，妈妈没有工作，白天在学校做清洁工，晚上自学会计，后来才开始给银行做账。

每天晚上，他放学回家，桌上都摆好饭菜。有一次，妈妈的右手出现腱鞘囊肿，还要操持家务，张浏浏很心疼，但妈妈坚持用左手给他做晚饭。

妈妈从来没有让他感觉到压力。读高中时，他有段时间无法适应学校生活，回到家，情绪低落。妈妈用写字条的方式和他交流。

他一直在和时间赛跑，让妈妈在身体被完全冻住之前，感受更多的快乐。视频发布后，一个摄影博主说，想给他的妈妈拍一套写真。他立即联系那个博主，商量着，通过搭配妈妈的衣服，给她拍20岁到70岁的样子，让她提前体验人生的每个阶段。

他还在给妈妈制造惊喜。1月23日晚上，他听到邻居放烟花，也去超市买了一束烟花，在对着妈妈窗外的空地上点燃，外婆和妈妈都笑出了声。他把妈妈房间里的灯换成颜色更暖更亮的，"让妈妈在房间里也有心情"。

他们在抓紧时间表达对彼此的爱。2021年寒假开学前两天，他喂妈妈吃中药，妈妈喝了两口药，说要写信给他，让他用手机记下来。

母子俩用了二三十分钟才完成那封口述信，起初只有16条，后来他每次回家，妈妈都让他念一遍，又增加到19条。信里是一个母亲能想到的所有内容，从"不能熬夜"的叮嘱到"做人要诚实、守信，人品第一"的告诫，她还嘱咐儿子，将来成家后，"要把教育放在首位，要培育小孩"。

第一条是，"妈妈很爱你"。在此之前，爱不是他们生活中常见的词语，但妈妈生病后，坐着没事，就对他说"我爱你"。后来，他们总是说"我爱你"，在吃饭时、睡觉前、聊天时。他记录的很多条视频都以"我爱你"结尾。

张浏浏明白，妈妈说这几个字，是害怕"有一天说不出来了"。他笑着跟妈妈说："我也爱你呀！"

有没有阳光温暖过卑微的你

安 宁

每天去电影学院蹭课回来，都会路过北京电影制片厂。有这么一群人，夜晚住在阴暗的地下室，白天则坐在北影厂门前的台阶上，从日出，到日落，耐心又焦灼地等待着机会的降临，渴盼在某部电影里饰演一个小小的角色。哪怕，只是一个侧影、一双眼睛、一声叹息，或者，被无情的剪辑师，一剪刀下去，只剩半个臂膀。

他们在台阶上，边期待着门口有某个导演出来，边无聊地打着哈欠，说着笑话，或下一盘不知道有没有结局的象棋。他们衣着简朴，神情沧桑，像日积月累、灰尘满面的石像。他们为了几十块钱的一个群众角色，会疯狂地拥挤、争抢。但在等待的漫长时间里，他们则会拉起家常。这样的闲聊，于他们，是一种比电影更温暖的慰藉吧。

曾经在中关村一家电子产品店里看到过一个男孩，大约18岁，看到我经过，很温柔地喊我"姐姐"，又将我引至店中，倒水给我。我看一眼店内不多的相机样品，打算转上一圈便找理由走人。转至一款相机前时，我问："能给我介绍一下这款的功能吗？"他忽然就红了脸，低声地朝我道歉："对不起，姐姐，我是新来的，还不太懂，您先坐下等等，我们很专业的同事马上就过来为您讲解，好吗？"

片刻的犹豫之后，我客气地向他道别，撒谎说："我有点事，一会儿再过来看看。"他却是一下子被我弄慌了，低声地恳求我："姐姐，再坐一会儿，就一会儿，好吗？我们店里肯定有您喜欢的相机，即便是没有，也可以为您去别家调货的。"

我也低了头，不敢看他的眼睛，疾步走出店门，直奔走廊尽头的电梯而去。而他，却是不舍不弃地，跟在我的后面，一声声地喊我姐姐。电梯门关上的那一刻，我看见站在门外的他，一脸的忧伤与失落。

忆起在北京的 798 艺术区，看到过一只纯种的波斯猫，不知道悄无声息地在我身后跟了有多久。我只知道，当我无意中回头，看到它在冰冷的傍晚，被风吹起的脏兮兮的毛发，突然间内心涌起无法抑制的悲伤。

我终究没有将这只流浪猫抱回去。我只是从路边的小店里，买了一瓶酸奶，放在它的面前。它温顺地看了我一眼，而后低头去喝酸奶，每喝几口，就会停下来，蹭一蹭我的鞋子。我就在它低头的时候，悄悄走开了，一直没敢回头。

这个城市的阳光，日日普照，分给我们每个人一样的温度与热量。可是，当我走在路上，看见那些卑微的生命，我总是希望，有足够的温暖，将这些同样具有尊严的生命，温柔地环住。

一生最大的勇敢都来自母亲

余秋雨

一

九旬老母病情突然危重,我立即从北京返回上海。几个早已安排好的课程,也只能调课。校方说:"这门课很难调,请尽量给我们一个机会。"我回答:"也请你们给我一个机会,我只有一个母亲。"

妈妈已经失去意识。我俯下身去叫她,她的眉毛轻轻一抖,没有其他反应。我终于打听到了妈妈最后说的话。保姆问她想吃什么,她回答:"红烧虾。"医生再问,她回答:"橘红糕。"说完,她突然觉得不好意思,咧嘴大笑起来,之后就再也不说话了。橘红糕是家乡的一种食物,妈妈儿时吃过。生命的终点和起点,在这一刻重合。

在我牙牙学语的那些年,妈妈在乡下办识字班、记账、读信、写信,包括后来全村的会计工作,都由她包办,没有别人可以替代。做这些事情的时候,她总是带着我。等到家乡终于在一个破旧的尼姑庵里开办小学时,老师们发现我已经识了很多字,包括数字。几个教师很快找到了原因,因为我背着的草帽上写着 4 个漂亮的毛笔字——秋雨上学,这是标准行楷。

至今我仍记得,妈妈坐在床沿上,告诉我什么是文言文,什么是白话文。

她不喜欢现代文言文，说那是在好好的头上扣了一个老式瓜皮帽。妈妈在文化上实在太孤独，所以把我当成了谈心对象。我7岁那年，她又把扫盲、记账、读信、写信这些事全都交给了我。

我到上海考中学，妈妈心情有点儿紧张，害怕因独自在乡下的"育儿试验"失败而对不起爸爸。我很快让他们宽了心，但他们都只是轻轻一笑，没有时间想原因。只有我知道，我获得上海市作文比赛第一名，是因为已经替乡亲写了几百封信；数学竞赛获大奖，是因为已经为乡亲记了太多的账。

二

医生问我妻子，妈妈一旦出现结束生命的信号，要不要抢救，包括电击？妻子问："抢救之后能恢复意识吗？"医生说："那不可能了，只能延续一两个星期。"妻子说要与我商量，但她已有结论：让妈妈走得体面和干净。

我们知道，妈妈太要求体面了，即便在最艰难的那些日子，服装永远干净，表情永远优雅，语言永远平和。到晚年，她走出来还是个"漂亮老太"。为了体面，她宁可少活几年，哪里会在乎一两个星期？

一位与妈妈住在同一社区的退休教授很想邀请我参加他们的一次考古发掘研讨会，三次上门未果，就异想天开地转邀我妈妈到场。妈妈真的就换衣梳发，准备出门，幸好被保姆阻止。妈妈去的理由是，人家满头白发来了三次，叫我做什么都应该答应。妈妈内心的体面，与单纯有关。

妈妈如果去开会了，会是什么情形？她是明白人，知道自己只是来替儿子还一个人情，只能微笑，不该说话，除了"谢谢"。研讨会总会出现不少满口空话的人，相比之下，这个沉默而微笑的老人并不丢人。在妈妈眼里，职位、专业、学历、名气都可有可无，因此她穿行无羁。

三

大弟弟松雨守在妈妈病床边的时间比我长。在我童年的记忆中，他完全是在妈妈的手臂上死而复生的。那时的农村谈不上什么医疗条件，年轻的妈妈抱着奄奄一息的婴儿，一遍遍在路边哭泣、求人。终于，遇到了一个好人，又遇到一个好人……

我和大弟弟都无数次命悬一线。由于一直只在乎生命的底线，所以妈妈对后来各种人为的人生灾难都不屑一顾。

我知道，自己一生最大的勇敢都来自母亲。我6岁那年的一个夜晚，她去表外公家回来得晚，我瞒着祖母翻过两座山岭去接她。她在山路上见到我时，没有责怪，也不惊讶，只是用温热的手牵着我，再翻过那两座山岭回家。

我从小就知道生命离不开灾难，因此从未害怕灾难。后来我因历险4万公里被国际媒体评为"当今世界最勇敢的人文教授"，追根溯源，就与妈妈有关。妈妈，那4万公里的每一步，都有您的足迹。而我每天趴在壕沟边写手记，总想起在乡下跟您初学写字的情形。

妈妈，这次您真的要走了吗？乡下有些小路，只有您和我两人走过，您不在了，小路也湮灭了；童年的有些故事，只有您和我两人记得，您不在了，童年也破碎了；我的一笔一画，都是您亲手所教，您不在了，我的文字也就断流了。

后来，我和妻子种了一棵树，愿它能够庇荫这位善良而非凡的老人，即便远行，也宁谧而安详。

父亲头上的雪

李柏林

那年冬天，雪下得比往年的大一些。那是父亲人生中最让他感到高兴的一场雪——我就是在那个下雪天出生的。父亲一大早去找医生，在大雪里踉踉跄跄地奔行。雪花落在父亲的头发上，他丝毫没有察觉。就这样，在漫天的雪花中，我开始了与父亲的故事。

那时，父亲在村小教书，收入微薄。一家人住在学校的一间简陋的安置房里。单凭父亲的收入是根本养不了一家人的，生活中很多东西只能靠赊账才能买来。父亲每到年关便开始发愁，可是，他一个师范毕业的老师，除了舞文弄墨，别的也不会。于是，在快过年的时候，他想到了卖春联。

父亲开始在学校一间闲置的屋子里"创业"。他买来红纸，用刀裁好，然后便开始写了。因为白天要去卖春联，所以他只能晚上写。他经常写到半夜，就在那间屋子里披着外套睡去。我早晨去那间屋子玩，就会看见凝固的墨水，还有地上晾干的春联。

天气晴好时，父亲去集市摆摊卖春联；如果碰到雨雪天，就只能收摊。摆摊就是看天吃饭。可是，他总不能因为坏天气就在屋子里耗上一天。于是，父亲找来蛇皮袋，背着他的那些春联，一个村子一个村子地去卖。一副春联很便宜，可是父亲翻山越岭，从一个村子到另一个村子，却是十分辛苦的。

等到父亲回来时，天已经黑了。他带着满身风寒站在门外，全身都是雪。他把蛇皮袋放下，然后在外面跺掉脚上的雪，拍打掉身上的雪。我在屋里笑着说："呀，爸爸变成白头发的老爷爷了。"父亲笑着回应："那我给你变个魔术，马上变成黑头发。"他用毛巾拍掉头上的雪，头发也从花白变成湿润的黑色。

刚上学的那个暑假，我特别喜欢出去玩。但是平日里操劳的父亲，总想在中午休息一会儿，又害怕我出去乱跑，于是他想了一个办法。父亲会在午休的时候喊我去给他拔白发，十根一毛钱。我刚上一年级，这样既可以锻炼我数数的能力，又可以让我不乱跑，可谓一举两得。而对我来说，这是赚零花钱的最好方式。

那时父亲才30来岁，已经有白发了，可这成了我的"生财之道"。我在父亲的黑发里寻找着白发，将白发一根根地拔下来。有时候，我看见一茬头发里有好几根白发，便兴奋起来。有时候，我会将两根一起拔掉，然后哈哈大笑。经过多次试验，我找到拔白发的窍门，比如后脑勺的头发拔起来最疼，头顶上的头发拔起来最容易。每次拔完，我都要炫耀一番我的"战果"。

后来上了初中，我不好意思再拔父亲的白发，我们之间的交流也变少了。

一个下雪天，父亲骑着那辆破旧的自行车来学校接我。因为成绩不好，我沉默着。他让我在车子的后座上撑着伞，并说："你别挡住我的视线，下雪天路滑。"我坐在车的后座上，看着自行车在雪地上留下一道痕迹，看着他在风雪中头发开满白色的花。我忘了在哪一刻，我发现有些雪花是拍不掉的，有些风霜永远地留在了他的头上。

如今，我已经大学毕业，父亲不用再为了我四处奔波，不用在下雪天骑着自行车带我回家，也不用为了让我不乱跑，想出拔白发的法子，更不会因为我的成绩不好，在一场大雪中那样沉默。但他还是会像以前一样，上完课后小跑回家，在门口停下，跺跺脚上的雪，把帽子取下来拍拍上面的雪。可是那白发终究不像从前那样，拍一拍就变成黑发。那些雪花再也拍打不掉，那些风霜成了他生命中的一部分。

可每当想起那些被我拔掉的白发，我的心里就会下一场雪。

认真看母亲时，她就老了

南在南方

有位朋友问，你注意过更年期的母亲吗？

我想这句话想了很久，母亲今年七十多岁，更年期已经过去了很久。印象中，母亲一直好好的，上有老，下有小，种了好多地，喂了几头猪……朋友说，不管多劳碌，更年期总是会经历。她说，她母亲正在更年期，脾气很大，看她爸不顺眼，看她不顺眼，见碗见盘子也不顺眼，总之，许多不顺眼。有一天还莫名其妙地流泪。

我常常回家看母亲，因为她中风了。她头一次中风，恢复得算好，两个月之后能做饭，从前能把土豆切得像丝一样，这一回，切得像棍儿，不过四个月之后，又切得像丝了。可惜一年之后二次中风，彻底做不成饭了，生活还能自理，却需要人来照应。

我看母亲，母亲也看我。好多年前，有一回我睡午觉，迷迷糊糊地半睁着眼睛，看见母亲坐在床边，一声不响地看着我，于是我赶紧闭上眼睛，假装睡着。母亲就那样看了很久，好像我浑身都是她的目光。在那样的目光里，母亲一定想起了我小时候，尿床、淘气、哭鼻子；少年时，贪吃、冒失、荒唐；青年时，木讷、小老头似的背着手走路……现在，却睡得安稳。

后来，我在一篇文章里写道，要给母亲凝视你的机会，安静地让她凝视，让她回味你成长的片段，回味已经远去的年月。她就像洋葱，你水灵灵地长，她却就那么瘪下去，瘪下去……

去年腊月十九，我回老家过年，保姆眼巴巴地盼我。我回去那天晚上，她就回家了，年关了，她得回家置办年货。母亲虽然中风多年，但是生活基本能自理，就是晚上起夜没办法，虽然也有尿不湿，但她不想穿，说是像尿床一样。她手脚吃不上力，起不来，得有人拉一把，平常是保姆睡她旁边，起来拉她。保姆回家后，便是我睡母亲旁边。

母亲睡得早，我睡时，问她起不起夜，她一般要起来。扶她回来睡下，母亲要说几句话，我应着应着就睡着了。

我起来问母亲："我打鼾你没睡好吧？"母亲说："你打鼾也好听，一下子，像是打雷要下雨了；一下子，又不打雷下雨了。我干着急，翻不过身，我想捏一下你鼻子就好了……"

母亲要起床，轻轻喊我，怪呀，我轻轻喊一声，你一骨碌就起来了！我却死都爬不起来。说着，母亲就笑。

母亲中风之后，爱笑。

母亲差不多六点半就要起床，我得帮着她穿衣裳、穿袜子、穿鞋，倒水让她洗脸，扶着她坐在客厅的炉边，然后给她倒水喝药，再泡一杯茶给她。那时，天才微微亮。

有天清晨，我醒来，窗外已经大亮，我看见母亲正瞅着我。她平躺着，歪着脑袋瞅着我，我赶紧闭上眼睛，接受凝视……只三分钟吧，我正式睁开眼睛。

我说："妈，今儿起得迟啊。"母亲说："我看你睡得香……一晃，你的胡子都白了几根儿……"

藏在岁月里的温暖

王　豪

南风暖融融地吹拂着。

田地里大片大片的油菜花开了，黄灿灿的夺人眼球；而荞麦宛若羞涩的少女，低着腼腆的脸，有些不知所措地站立着。此刻午后的暖阳照向大地，舒适得令人慵困。一条碎石路闪着石子特有的光泽延伸向远方。

这是 1937 年的春天。

路旁站着一对男女，他们牵着手，彼此默默无语。目光流转之处，一片春暖花开。

四周静得出奇。湛蓝湛蓝的天空中飘浮着大朵大朵的云，像极了酣睡的婴孩。南风依旧拂过野草，发出"沙沙"的声响，却是极微小的。

已然是春天的时节了，无名的碎花开了一地，那儿一簇紫色的，这儿一簇白色的，有着莫名芬芳的花在微风中摇曳，散发出淡淡的清香。

女孩微微踮起了脚尖。她伏在男孩结实的肩上，瘦弱的肩一起一伏。男孩的模样十分坚毅却又柔情似水。

静静的河水淌过春天的臂弯，揽起几许冬日残余的冰寒；几只早已脱了漆的旧木船泊在河岸边。清清的水招摇着油油的水草，在金色的柔波里，穿行过黑黑的鱼儿，一圈一圈的水泡浮上水面。

女孩开始小声啜泣起来，却又不知什么时候停止了哭泣。

又是一阵轻柔的风，吹得花香四溢，大地的气息中却夹杂着战火的硝烟味儿。

女孩紧紧地抱住了男孩。男孩身旁的一个布包上扎着一个小小的蝴蝶结，那粉红的颜色显然是女孩精心挑选的。

……

眼前的画面开始变得模糊，模糊得只剩下一双相拥在一起的人儿。

"这么多年了，我还记得那年的春天。春天呀，到处是花儿草儿的香味儿……"祖母的声音如流水一般和缓，在诉说着一段往事，"那是战火纷飞的年代。那年，你的祖父参了军……"祖母的声音变得有些伤感，"这一等便是5年。每年的春天，我都会去那一块花地走走，闻闻、听听、想想、念念……第5年的春天，他便回来了，我认得那黝黑的脸庞和怀里的小怀表……"

午后的暖意在祖母的脸庞上荡漾开来，崭新的相册悄悄地翻过一页。

"那会儿在农村，还是小伙子小姑娘呢，像你这样的年纪吧。饥馑的年代里，我们在春天一起去挖野菜，蕨菜、马齿苋……我们提着满满一篮的春光欢笑……"

祖母的眼里闪现出柔和的光芒。

相册的最后一页上，两人的笑意定格，却还是春天，只是时光褪去了青春的色彩，彼此在内心深处的相守温暖了岁月。

"你们在说什么呢？我也听听。"祖父爽朗的声音从阳台传来，带着微微的笑意。

午后的阳光偏了一个角度，泛黄的墙壁上，时钟在"嘀嗒嘀嗒"地走着……

父亲越来越小

袁利霞

父亲理发回来，我们望着他的新发型都笑了——后脑勺上的头发齐刷刷地剪下来，没有一点层次，粗糙、顽劣如孩童。

父亲 50 岁了，越来越像个小孩子。走路腿抬不起来，脚蹭着地，"嚓嚓嚓"地响，从屋里听，分不清是他在走路，还是我那 8 岁的侄儿在走路。有时候饭菜不可口，他就执拗着不吃；天凉了，让他加件衣服，得哄好半天。在院子里，父亲边走边吹口哨——全没有一点儿父亲的威严。

父亲还很有点"人来疯"。家里来个客人，父亲会故意粗声大气地跟母亲说话，还非要和客人争着吃头锅的饺子——他明知道家里有客人，母亲不会和他吵架。客人一走，父亲马上又会低声下气地给母亲赔小心。

每次父亲从外边回来，第一句话就是："你妈呢？"如果母亲在家，父亲便不再言语，该干什么干什么；如果母亲不在家，父亲便折回头骑着自行车到处找，认认真真把母亲找回来，又没有什么事。

有一次，父亲晨练回来，母亲说："出去之前也不照镜子，脸都没洗净，眼屎还沾在上面。"父亲不相信："我出去逛了一圈了，别人怎么没发现，就你发现了？"母亲感到很好笑："别人发现也不好意思告诉你呀，都这么大人了。"

　　家里有一点儿破铜烂铁、废旧报纸或塑料瓶，父亲都会高高兴兴拿到废品收购站去卖，卖得三元五元，不再上缴母亲，装进自己的腰包，作为公开的"私房钱"，用于自己出去吃饭或购买零食。

　　父亲以前生活节俭，从不肯到外边吃饭，也不吃任何零食。现在儿成女就，没什么大的开支，他也就大方了，经常到小摊上去吃"豆腐沙锅面"——不放肉，不放虾米、紫菜、海带，一碗只要一元五角。父亲喜欢吃板肉夹烧饼。板肉是一种食物——把牛肉煮熟了，加上各种作料，压成块状，吃时，用锋利的刀片成薄片，夹在刚出炉的热烧饼里。

　　有一次父亲很委屈地在我面前告母亲的状："我每次都夹一块钱的肉，只一次烧饼有点大，我夹了两块钱的肉，你妈就嫌我浪费。"我感到好笑极了，这哪是印象中严肃古板、不苟言笑的父亲啊，分明是一个馋嘴的孩子。我从口袋里掏出十块钱给他，让他专门用来买"板肉夹烧饼"，并刻意叮嘱他，不准告诉母亲。父亲高高兴兴收下钱出去了。第二天，我从厨房经过，听见父亲跟母亲以炫耀的口气说："女儿给我十块钱，让我买"板肉夹烧饼"。你看，还是我女儿好！"

　　我心里忽然一阵酸楚——我们越来越大了，父亲越来越小了。那种感觉就像一位叫云亮的诗人写的诗——《想给父亲做一回父亲》：

　　　　父亲老了 / 站在那里 / 像一小截地基倾斜的土墙 /……父亲对我的态度越来越像个孩子 / 我和父亲说话 / 父亲总是一个劲地点头 / 一时领会不出我的意思 / 便咧开嘴冲我傻笑……有一刻 / 我突然想给父亲做一回父亲 / 给他买最好的玩具 / 天天做好饭好菜叫他吃 / 供他上学，一直念到国外 / 如果有人欺负他 / 我才不管三七二十一 / 非撸起袖子 / 揍一顿不可……

令母亲心碎的那一刻

陈亚豪

去年冬天的时候，我去找一个老同学吃饭，他正在攻读教育专业的硕士学位。那天他在听一个讲座，我到的时候讲座还没有结束，索性就进去听了一会儿。我不清楚这是什么内容的讲座，不过有意思的是，我发现来听讲座的都是五六十岁的阿姨。朋友告诉我，她们都是妈妈。

台上的老师在现场提出一个问题："各位母亲，请你们回想一下，孩子让你心碎的那一刻是什么时候，5 分钟后我们开始讨论。"这个问题引起了我的兴趣，作为儿子，我似乎从未想过自己让母亲心碎的那一刻是什么时候，我和在场的妈妈们一起回忆起来。

5 分钟后，阿姨们陆续开始发言。"儿子交过一个女朋友，想结婚，我没有反对，只是希望他们再相处一段时间，彼此多了解一下，结果他直接住到女孩家里去了，不要母亲了。"

"有一次闺女和我吵架，吵得很激烈，她冲我嚷了一句——为什么我会有你这个妈妈！我知道她只是一时冲动，但那两天一想起这句话我就想哭。"

阿姨们的发言越发踊跃，现场很热闹，我在下面听得一会儿心里难受，一会儿又忍不住呵呵直笑。这时候一个阿姨接过话筒，站起来缓缓地说："最心碎的那一刻，是孩子对我说，他想放弃自己的那一刻。"现场突然安静了，好像大家都被拽进了自己的回忆里，过了半分钟，阿姨们纷纷点头表示赞同，有几个妈妈的眼眶甚至有些湿润，我不知道是为什么。台上的老师拿起话筒："这应该是所有当母亲的最有共鸣的一个答案。"

我的思绪忍不住回转，脑海里浮现出高三时的自己。那一年，我因为受某些事情的刺激和幼年时神经方面疾病的影响，患了精神疾病。我的情绪完全不受控制，精神近于崩溃，在恍惚和挣扎中度日，时刻与自己对话和斗争，但还是无法战胜自己。

那一年，妈妈每周都会带着我去看心理医生，她坚持不用药物治疗，虽然药物见效会更快。她觉得我很棒，因为她相信我一直在努力战胜自己。后来我对自己妥协了，算是放弃了吧，因为这样的精神状态连一道题目都无法集中精力读完。高考的日子越来越近，大家都在奋笔疾书，跑得越来越快，我却在看心理医生，于是我就想破罐子破摔了。那时的班主任很照顾我，一直在关心我，她觉得这样下去我很可能把自己毁了——当初我是被保送进这所市重点高中的重点班的，被很多老师列为上清华大学、北京大学的对象。

班主任打电话把我在学校的情况如实告诉了我妈——上课不是睡觉就是发呆，连课本都不拿出来。这些都是班主任找我谈话时告诉我的。她先跟我道了歉，说她没能力帮助自己的学生，很对不起我，并且很后悔把这些情况告诉我妈。

她和我谈话的时候，我还沉浸在和自己的对话里，她那天说了很多，我基本没记住什么。可听到"后悔把这些情况告诉你妈"时，我回过神来。

"那天在电话里和你妈说完这些情况后，她就突然哭了。她以前对你的状况一直很乐观，也很相信你，可那天她在电话里哭了很久，哭得我也很难受，不知道该怎么安慰她。

那天之后，我就开始拼尽全力地逼自己。一个小时里我只有 20 分钟可以集中精力，那我就学 3 个小时来弥补。高考前的那两个月里，我每天都是凌晨 3 点睡觉，6 点起床，白天上课站着听讲——为了抵抗困倦。

高考成绩和老师们对我的预期相差很远，但好在压一本线，去了个还不错的大学。大一那年的母亲节，我给妈妈发去一条短信："妈，母亲节快乐。谢谢你带我来到这个世上，我会努力成为你的骄傲，永远。"妈回了一条："傻孩子，不轻言放弃，你就是妈妈最大的骄傲，永远。"

命运多舛，一路走来，我才明白了一个最简单的道理：照顾好自己，不轻言放弃，是对至亲与挚爱最好的报答。

在村里种菜的散文家

刘亮程 口述 余璇 整理

当我们疲于抢菜、囤货，注意力被各种信息牵制，陷入焦躁不安时，远在新疆菜籽沟的刘亮程正忙着种菜、耕地、做木工。

刘亮程今年60岁，20世纪末，因散文集《一个人的村庄》一举成名，这本书感动了无数人。一位经历过逃荒、丧父等各种人生动荡的作家，他笔下却几乎没有对苦难的描写，他更乐于写乡村的平凡日常：太阳的起落，一场又一场的风，就连一朵云、一棵草、一只蚂蚁，都被赋予了生命的意义。

10年前，当我来到菜籽沟，我觉得这里和我出生的村庄太像了。

那些人家的房屋，沿着小溪和山边，三三两两地排列着，无论从哪个角度看，都像一幅山水画。

许多村民已经迁走，400多个农家院落，只剩下了100多户人家。剩下的空房子，也可能很快变成废墟，我心疼得不行，决定把家搬到这里来。我邀请了30多位艺术家，我们一起申购了几十户农宅，开始在这里生活。

我还看上一所老学校，占地40亩，里面都是参天古树。买下来的时候，所有的教室和办公室里，都积着厚厚的一层羊粪。我们把羊粪一锹锹地清理出来，找到了摆放学生课桌的地方，找到了讲台，还找到了那一代学生留下的铁皮铅笔盒。

我把这所学校做成了国学书院，取名"木垒书院"，给自己封了个"院长"，算是给自己的后半生找了一个营生。从那时候到现在，我忙忙碌碌地折腾了将近10年。

我每年都会招3到5个志愿者过来跟我们一块儿生活、耕读，给他们安排一些有意思的活儿，让他们和我一块干，比如扎一段菜地的篱笆墙，或者修一段路，或者是做木匠活儿。这些志愿者多半是大学生，还有研究生。他们在学校已经读了太多的书，现在最需要的是动手去做事情。在实践中学习，我觉得这是最好的状态。

3年前，这里来了一个博士生，他是学戏剧与影视学专业的，正在写一个剧本，写不下去了，便躲到这里来耕读。当时正好是春天，我买了一些树苗，他帮我栽树。之前他从来没有栽过树，他挖完几个坑，把树苗一一栽进去以后，觉得非常有收获。我想以后在他的剧本创作中，他也会懂得如何"栽树"。

我的文章被收入中学课本之后，我经常在微博上看到一些学生的留言，尤其是关于《寒风吹彻》那篇文章。有女生留言，她在课堂上读着，会忍不住流泪，甚至哭出声来。

对那些孩子来说，他们已经读懂了那篇文章。但是他们又说，一旦开始做关于这篇文章的阅读理解题，他们就痛苦无比。

我们现在的语文教育，很多时候是在用教数学的方法来教，语文教育应该让孩子形成无拘无束的、充沛的情感和丰富的想象力。现在我们却把它收紧到一个窄窄的标准答案里。

我上小学一年级时，父亲去世了。二年级没上完，村子里的学校就关闭了，隔壁村的学校又离家太远，我就只好在家闲待着。直到十几岁，我才重新去上学。

那时候，我喜欢看新疆辽阔的戈壁滩，能看见地平线，还有头顶如穹庐般的天空。一望无际的戈壁滩上少有绿色，裸露的荒漠带给人一种荒凉感。我一遍又一遍地看，怎么也看不烦。

后来我有了继父，他是一个说书人。一到晚上，村民们就聚集到我们家。那时候我们家的房子小，大人就坐在炕上，小孩就蹲在地上或者坐在小板凳上，听我继父讲《三国演义》《杨家将》《薛仁贵征西》……他讲一遍我就能记住，还可以讲给别的小孩听。尽管那时候我没有读很多书，但继父让我很早就听到了一些书里的故事，也学会了讲故事。

我觉得教育最重要的，就是还孩子一个童年。

我的小外孙女，几乎不用人管，把她放在地上，让她坐在一大堆玩具中间，她就能把所有的玩具都编成故事，小小的心中装了好多有灵性的东西。

有人问我，我写了那么多院子里拉磨的驴、灶旁搬麸皮的蚂蚁、八条腿的小虫、滚粪蛋的蜣螂，并且在这些事物身上能发现美，是不是因为我特别敏感，或者异于常人。

其实并不是。很多孩子小时候都会对着一只虫、一朵花发呆。大人不知道他在看什么，但他肯定看到了远比大人看到的更丰富的东西，而这就是童年。只是很多人长大后，把它忘记了。

现在很多年轻人很焦虑，我想那是因为他们不知道自己想获得什么，可能他们挣钱的欲望比我们那时候的更强烈，生活的压力也更大。物质可以改变表面的自己，却不能改变自己的内心。

一个人最大的财富是他的内心世界。内心世界是一座建筑，父母很早就给了我们一个内心世界，我们唯一可以改变的就是不断地学习，从文学、哲学等各不同领域来获得自己的心灵养料，构建一个更高贵的内心世界，安顿好自我。这样即使遇到大的挫折，这颗能够自我安顿的心也可以让你安静下来，重新出发。

面对命运的波澜，我觉得普通人要有一个普通的关注点。如果丧失了对身边事、身边人、身边物的关心，你就是一个虚妄的人、一个躲清闲的人。

2021年，我加入新疆野骆驼保护协会。每年的四五月，我都会抽时间去看看野骆驼。新疆的野骆驼已经濒临灭绝，我想去录制一些视频，呼吁大家关注它们、保护它们。如果能够帮助野骆驼做点事，那就真是一件大事情。

我觉得身边发生的好多事都很大，比如，我们院子里丢了一只猫，村里一位老人住院了。在我们的生活中，在我们的身边，大事情时时刻刻都在发生，只是我们容易视而不见，把它们当成小事，而我们最终还是会回到大地上，关注一年四季，关注春耕秋收，然后生儿育女，一年又一年。这才是人的常态。

母亲的背是最安稳的床

肖映菁

下基层训练的时候，我会利用闲暇的时间去敬老院当义工。田婶是敬老院的员工，负责打扫卫生。

按理说，每天照顾老人们吃完午餐，得将餐厅打扫干净，她的工作才算告一段落。可是，每天中午，她总跑得不见人影。问及缘由，大家的回答是：她回家哄孩子睡觉去了！

田婶都35岁了，按她的年龄算，她家孩子至少也有七八岁了吧！这么大的孩子还要哄着睡觉？我是不信的，心里便对她有些许意见，觉得这人偷懒，哄孩子睡觉肯定是她溜回家午休的借口。

某天傍晚，我吃完饭，和同伴在村里散步，经过田婶家门口，竟然看到这样一幕：她佝偻着身子，额上汗光隐现，而她单薄的背上，竟然真的伏着一个看起来有十来岁的小姑娘！而田婶还一步一晃，像哄小孩子睡觉那样晃着她，想要她快点进入梦乡。我不由得有点生气，这么大一个孩子，还得母亲背在背上哄着睡，太过分了！

同伴说："不，你误会了。田婶的女儿生下来就有先天性心脏病，后来不知道为什么又患了哮喘。医生说，这样的病人睡觉的时候要特别注意，如果躺平了睡，可能睡着睡着呼吸道一堵塞，就再也醒不过来了。田婶从此就不让女儿躺平了睡。女儿白天想睡觉，她就背着，让她伏在背上睡。就是晚上，她也是和女儿背靠着背"坐"着睡。她生怕一躺平了睡，女儿就会永远地睡过去……"

听闻此言，再回头去看那个蹒跚的身影，我不由得深深感动。原来，世界上最温暖、最安全的床，就是母亲的背。

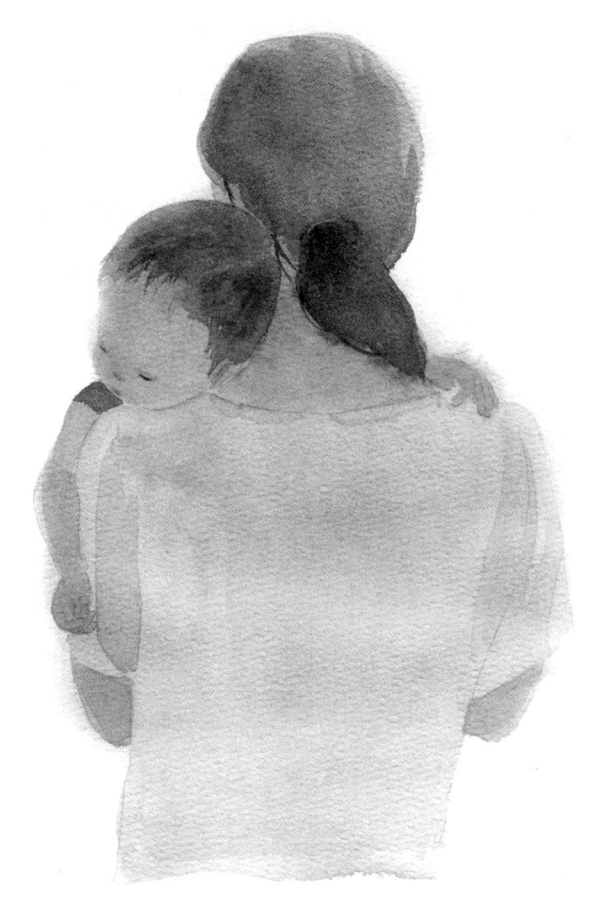

当父母的"树叶"脱落

王双兴

双重丧失

为父亲办理后事时，亦邻发现，母亲的情绪像钟摆一样，变来变去。那是 2018 年春天，父亲走了，母亲病了，几乎是在同一时间，匀速行驶了几十年的列车，突然脱轨、失控。

处理完父亲的后事不久，三个女儿带母亲去了医院，医生递过来的诊断书上写着"中重度老年认知症"，属于阿尔茨海默病和血管性痴呆的混合型。父亲从这个世界消失，母亲的记忆被一点一点抹除，两个旋涡遇到一起，变成更大的旋涡，整个家被裹挟其中，乱了阵脚。

20 世纪 60 年代，父母在部队相爱、结婚、生子。两个人感情好得出名，一起看电影，一起做家务，一起跑步，一起骑自行车，直到头发白了，还保留着甜蜜的情趣。父亲得了冠心病后，两个人开始手握着手睡觉，这样，如果父亲不舒服，母亲就能立刻察觉。亦邻回忆，舅舅去世时，父母还抱在一起哭，"约定以后两个人一起走"。

没人料到他们会突然被拽进疾病的深渊。父亲患上心衰，卧床直到离世；而母亲的情绪，在激动和漠然之间来回切换，有时候跟跟跄跄跑过去关心父亲，但多数时候，是麻木的、不耐烦的。

2018 年 5 月，在病床上处于昏睡状态的父亲突然清楚地喊出 4 个字："准备出发！"过了一会儿，又喊了一句："出发！"然后离开了人世，终年 84 岁。母亲的病情继续不可逆地恶化，很多记忆被抹除，越来越像一个孩子。

"捡来"的小孩

父亲下葬前一晚，三姐妹分别和他告别。到亦邻了，她发现自己很难和父亲对话，脑袋一片空白，最后决定用自己擅长的方式，画画。

亦邻做了 20 多年插画师，但画自己的父母，此前从未被列上日程。父亲去世后，悲痛之外，亦邻总觉得有些含混不清的情绪堆积在那儿，埋怨、自责，或者遗憾？童年时代系在心里的一个又一个疙瘩似乎没有机会解开了，宣泄似的，她拿起了笔。

亦邻的童年记忆大部分与乡村有关。当时，因为保姆离开，父母决定把一个孩子送到外婆家。姐姐清雅不愿意，还没与家人分别就大哭，于是亦邻成了被送走的那个。

月亮、蜻蜓、独轮车，还有一眼看不到头的田间小路。乡村生活的快乐是真实的，但情感缺失也是真实的。父母变得越来越陌生，有时候，亦邻在外面玩，看到爸爸妈妈来了，撒腿就往回跑。那些举动里藏着小女孩的巨大心事：亦邻想跟父母走，又怕他们不是来接自己的，更怕被接走几天又要被送回来。为了不被拒绝，干脆装作不期待。

五六岁时，亦邻被接回父母身边。在外婆家时，她还是那个开心就笑、生气就闹、脾气上来就满地打滚的小兽，但回家后，因为担心再被送走，她突然变得小心翼翼，不笑、不闹、更不打滚，每天竖着耳朵听爸妈聊天。

妹妹小菀出生后，亦邻的失落感变得更强。妹妹足够可爱，会撒娇，赢得了爸爸的偏爱。妹妹学跳舞是被支持的，但亦邻学画画却被反对；妹妹出门回来父亲翘班也要去接，亦邻曾凌晨三点一个人拖着行李回家。很多年之后姐妹俩聊起父亲，同时惊叹道："我们说的爸爸是同一个人吗？"

那时候，亦邻总听周围人说："你是捡来的，爸爸妈妈都不喜欢你。"叔叔们抱着胳膊，跷着二郎腿，把调侃和挑衅一个女孩作为茶余饭后的消遣。亦邻气不过，歪着脑袋怼回去："爸爸妈妈不喜欢我，我还有外公外婆。"看热闹的人不尽兴，继续说："你外公外婆也不喜欢你，不然怎么会把你送回来。"亦邻站在人群中间，用力想办法抵挡这些中伤，最后装出恶狠狠的样子，说："都不喜欢我算了，我自己喜欢自己！"没想到，爸爸在一旁听到这句话很高兴，说亦邻"有志气"——这是她在成长中得到的为数不多的认可。

装出来的盔甲被当成真的坚强，亦邻只能把眼泪憋回去。以至在后来的岁月里，亦邻花了很长时间、很大精力，想要确认和证明自己是被爱着的。

后来，三姐妹陆续长大、离家，童年的伤没机会治愈，被搁置在那里。

姐姐清雅在外工作几年后回了故乡，亦邻去了广东，妹妹小菀去了北京，天各一方。几十年里，亦邻和父母相处的最长时间是一个多月——她把父母接到广东的家里住过一次，其他时间，她只在春节回家。再后来，一家人重新聚到一起，是在父亲的灵堂。

和 解

在和母亲一起画画的过程中，亦邻聊起了小时候的自己，那个在长辈眼里淘气、像男孩子，但又藏起敏感和脆弱的女孩。

母亲说，怀亦邻的时候，人们根据母亲的肚子大小、形状，走路姿势等迹象，推测会是男孩。听到这些，亦邻几十年的困惑才有了解答——当一个女孩呱呱坠地，父母心中的期待多少有些落空，于是有意无意在她身上强化对男孩的想象。他们希望她坚强、坚硬，能扛事，也觉得她足够强大，不需要给予太多关注。

童年的境遇，让亦邻和妹妹有了完全不同的性格。小菀是现代舞者，她教舞蹈的机构里，有一部分学生是特殊儿童。排练舞蹈时，她能敏锐地发现某个小朋友情绪的异常，她提起最多的两个词是"尊重"和"接纳"。大概，因为被爱，所以爱别人显得容易。

2021年4月，三姐妹回故乡给父亲扫墓。当姐姐清雅和妹妹小菀分别和父亲述说完想念以及近况，亦邻仍迟迟说不出话，后来直接跪在那里大哭——从小到大，亦邻都是家人眼中最坚硬的那个，看电视剧时，小菀已经"天崩地裂"了，亦邻也"绝对不会落泪"；但在父亲去世后，两代人之间的缝隙，慢慢被眼泪灌满了。

被困住的父母

在亦邻的漫画里，父亲永远高大魁梧、腰杆笔直。他是抗美援朝老兵，一辈子坚强、刚硬，很少生病，走起路来也风风火火，他最讨厌一个人"霉起霉起（没精打采）"的样子。

但到暮年，他的腰再也没直起来。很长一段时间，因为身体疼痛、睡卧不安，父亲只得整宿坐在轮椅上，不停看时间。回到病床，因为腰痛，总想不停地躺下、坐起，调整姿势。最后一段时间，他连"坐"这项最基本的技能都无法独立完成，需要女儿把他推起，并在背后用肩膀抵着，才能勉强坐一会儿。

生病住院时，父亲抵触一切象征身体机能丧失的事物，拒绝请护工，拒绝用轮椅，拒绝女儿帮他擦洗身体。

在亦邻的印象里，父亲讲起自己在部队的事情，女儿们问："如果上战场你怕吗？"他挺着腰板说："不怕。"当时，他做好了为国牺牲的准备；但几十年后，面对正常的衰老和死亡时，他是无助的。

冲击之下，关于"意义"的命题第一次出现在亦邻近50年的生命体验中：如果生命衰弱到无法控制，活着的意义是什么？

同一时间，父亲被心衰损害了躯壳，被困在空间里；母亲被阿尔茨海默病损害了记忆，被困在时间里。但不管意识是否清醒，尊严都被疾病消耗殆尽。

有一次，亦邻和一个年轻朋友聊起阿尔茨海默病，聊到动情处，朋友突然感慨道："一个人真的就像一棵树一样，我们在年轻时会有很多的妄想、妄念，觉得我努力增加很多的树叶，做到了这个，做到了那个。但实际上，'你是谁'这件事情不过是一大堆的记忆，时间长了，树叶会不断地掉落，会留下一些，扔掉一些，美化一些，隐藏一些……感觉挺虚无、挺脆弱的。"

"意义"两个字又一次出现在亦邻脑袋里：如果有一天，生命变得无知、无觉、无痛、无惧，活着的意义又是什么？

出　口

父亲去世后，三姐妹共同在家生活了一段时间。妹妹在北京有自己的舞蹈教学机构，需要回去上课；姐姐长期和父母生活在一起，照顾起来顺理成章。最焦虑的是亦邻。她做插画师，时间相对自由，但和上一代人不同，"尽孝""养老送终""天经地义"这些传统理念被更独立的自我意识取代，"责任"不再能将她和父母捆绑在一起。

心理学者陆晓娅的母亲也是阿尔茨海默病患者，在接受媒体采访时，陆晓娅说起过同样的困扰："我不是圣人，我受不了这种没事找事、假装耐心的陪伴。我想阅读，我想写作，我想备课，我想有精神上的交流……为什么我要为一个精神上已经荒芜的人牺牲我的创造力？"

但在"个人"和"责任"之间，还横亘着"情感"两个字，让亦邻不可避免地摇摆起来。很长一段时间，亦邻做旅行绘画，但母亲生病后，因为心理负担，她再也没有出去旅行过，只能让自己尴尬地夹在急躁和愧疚之中。

原本以为，离家几十年，已经割断了自己和父母的联结，但在陪伴父母的这段时间里，亦邻又重新把亲情置于生活的重要位置。

有段时间，母亲变得非常沉默，女儿们绞尽脑汁和她聊天，也只能换来点头和摇头，但唯有一个问题，任何时候问起，都能换来母亲认真的回答。

"你这辈子最自豪的事情是什么？""就是生哒（了）你们三个女儿！"

有些时刻，亦邻会突然觉得，自己就像现在的母亲，穿着红舞鞋一直走一直走，停不下来。但疾病作为生命的一部分，更像一道缝隙，让人停下来，透过它，看到衰老与死亡，进而看到生命本身。

亦邻想起，小时候，一家人有晚饭后散步的习惯，等天幕一点点变黑，他们就停下、转身，顺着原路回家。那些不断跳出来的"意义"命题，也渐渐在"原路返回"的过程中有了答案。小菀说："对意义和价值的思考是没有结果的，它在不断地升华，会渗透在你怎么对待家人、怎么对待生命的态度之中，要不断去探索，走到这一步才知道会遇到什么，还有什么东西在前面等着你。也因为没有标准答案，所以过程是美妙的。"亦邻有同样的感慨："思考意义的过程，就是意义本身。"

亦邻在日记里写道："所有的美好都退到记忆的背后，迎面而来的是责任带来的沉重，看来中年确实是接受岁月摔打的阶段，而我目前所做的工作就是和大家一起将过去的一切都推到台前来，这样至少可以让我们多一点抗摔打能力。"

风雨还在继续。亦邻把那些脱落的树叶捡起来，做成标本。其中一片，被夹在她为父母画的书的第 313 页：那天，亦邻和姐姐、母亲站在阳台上看月亮，母亲突然指着夜空，一个字一个字地蹦出些琐碎的句子，连缀在一起，像一首诗：

看，月亮出来大半个了。

那边天上还有星星在闪。

如果到外面去看，可以看到满天的星星。

你看对面的房子，一层一层。

每一层都有光。

买一张火车票去看母亲

高建群

买一张火车票，我到小城去看母亲。我曾经在一篇文章中说，等我什么时间有了空闲了，我要做的第一件事情，就是去陪母亲住一段时间，吃她做的饭，跟她拉家常，捧起一本书读给她听。这文章写了几年了，可是我始终是一个忙人，无暇脱身。前几天，站在城市的阳台上，怅然地望着北方，我突然明白了，忙碌的人生是永远不会有空闲的。你要去看母亲，你就把手头的所有事撂下，硬着心肠走，你走的这一段时间就叫"空闲"。于是，我买了一张火车票，去小城。

卧铺票没有了，我只好买了张硬座票。我对自己说，等上了火车再补。可是等上了火车以后，我只是轻描淡写地问了列车员两句，并没有认真地去补。这时候我明白了，买票的时候，我是在欺骗自己：我是生怕自己突然改变主意，于是先把票买上，叫自己再不能回头，至于到时候补不补票，我并没有认真地去想。

火车轰隆轰隆地开着，开往山里。这条单行线的终点站就是小城。母亲就在小城居住。火车要运行一个夜晚，从晚上到早晨。火车要穿过一百零八个山洞，这是这条支线当年修通时，我第一次经过时，一个个数的。我坐在火车上，毫无倦意，脸上挂着一种善良的微笑。因为这是看母亲，因为在铁路线的另一头，有一个我生命中最重要的人在等着我。

陶渊明是在四十一岁头上，写出那篇著名的《桃花源记》的。神州大地，何处是这桃花源？历朝历代，都有人在做琐碎考证。然而，一位心理学家在将这篇奇文输入电脑程序，一番研究之后，却得出一个石破天惊的结论。这结论说，这桃花源说的是母体，这《桃花源记》表现了一种人类渴望回归母体的愿望。当人类在这个为饥饿而忧，为寒冷而忧，为无尽的烦恼而忧的世界上进行着生存斗争，他有一天会问自己，在自己的一生中，曾经有过那无忧无虑阳光明媚的时光吗？后来他说，有的，那是在娘肚子那十月怀胎的日子。

坐在火车上，在我的善良的微笑中，我突然想起陶渊明的《桃花源记》这些事。我的微笑很像母亲，记得有一年我陪着母亲在小城的街道上行走时，一位同事立即认出我们是母子，说："你们有一样的微笑。"此刻我想，在母亲那十月怀胎的日子里，她的脸上也一定时时挂着我此刻的这种微笑。

我今年四十六岁，比陶渊明写《桃花源记》时大五岁。我也是从四十岁头上，突然开始恋家的。是不是人步入这个年龄段以后，都会突然产生这种想法，我不知道。我这里说的"这种想法"，直白一点说，就是渴望回归母体，渴望在那里获得片刻的安宁，渴望在那里歇一歇自己旅程疲惫的身子，是这样吗？我不知道！不光我不知道，我想当年陶渊明写他的《桃花源记》时，大约也不知道，自己的潜意识中，会有那么古怪的想法。

在经过十个小时的乏味旅程，在穿过一百零八个洞之后，火车终于一声长鸣，到达了小城。出站后，我迅速地搭乘一辆出租车，向母亲居住的地方飞驰而去。后来，我来到家门口，白发苍苍的母亲，还有几位邻居的老太婆，站在家门口等我。邻居的老太婆对我说，母亲知道我要回来，天不明，她就在门口等我了。

母亲是河南扶沟人，黄河花园口决口的遭灾者。遭灾后，他们全家随难民逃到陕西的黄龙山。后来，他们全家病死，只留母亲一人。后来，她与父亲相识并结婚，先后生下我的姐姐、我和我的弟弟。我的父亲于七年前去世，如今这家中，只有母亲一个人居住。

我已经有一年多没见母亲了，在母亲的家中，我幸福地生活了一个礼拜。我说我有胆结石，一位医生说，多吃猪蹄，可以稀释胆汁，排泄积石，我这话是随意说的。谁知母亲听了，悄悄地跑到市场，买了五个猪蹄，每天早晨我还睡觉时，母亲就热好一个，我一睁开眼睛，她就将猪蹄端到我跟前。母亲养了许多花。花盆摆了半个院子。这花盆里还长着些朝天椒。我说，这朝天椒如果和青西红柿切在一起，又辣又酸肯定好吃。这句话刚一说完，母亲又不知从哪里弄来几个青西红柿，从此我每顿饭的桌上，都有这么一小碟生菜。

"谁言寸草心，报得三春晖。"在这一个礼拜中，我收敛自己的种种人生欲望，坐在家里陪着母亲。小城的朋友们听说我回来了，纷纷请我吃饭，我说饶了我吧，我这次回来只有一件事，就是陪母亲。

母亲不识字。记得我曾经在一篇文章中说，等有一天，我有了余暇，我要坐在母亲跟前，将那些世界上最好的书读给她听。那时我读的第一篇小说，也许是普希金的《驿站长》，而此刻，我就这样做了。《驿站长》中那个二百年前的俄国人物悲惨的命运，此刻成为这对小城母与子之间的话题。

一个礼拜到了，我得走，世界上还有那么多的人生俗务在等着我。听说我去买票，母亲的神色立即黯淡了下来。她下意识地拽住我的衣角。这一拽，令我想起《西游记》中白龙马眼里含着哀求、用嘴噙住猪八戒衣襟时的情景。我对母亲说，等我的大房子分下以后，她来我那里住。母亲含糊地应了一句。我还说，父亲已经去世。脚下纵有千条路，但是没有一条能通向那里，因此我纵然有心，也无法探望；不过母亲还健在，我是会时时记着她，时时探望的。

　　"热爱自己的母亲吧，朋友！这是一个失去母亲三十年的人在对你说话！"这段话，是一位作家说过的话。此刻，在我就要结束这篇短文，在我就要离开小城的时候，这段话像风一样突然飘入我的记忆中。由这句话延伸开去，最后我想说的是，亲爱的读者，如果你也有母亲，那么你不妨抽暇去看一看，世界并不因你离开位置的这段日子而乱了秩序，而你会发现，这段日子你做了一件多么重要的事情。

献给妈妈的毕业礼物

张若愚　编译

我的母亲死于一次车祸，当时我正念八年级，而我的弟弟凯利才六年级。从妈妈死后，父亲与我常常到她的墓前，但凯利从来不愿与我们一起去，他甚至从来都不要谈起妈妈，他好像要完全忘了她，这让我气愤。

当我上大学二年级时的一个休息日，我开车回家，决定要绕路到母亲的墓前看一看。凯利几天前高中毕业了，我想着如果妈妈还在，该多么为他骄傲。他不想念妈妈真是不对。

当我跪下来清理妈妈墓前的地面时，有什么东西让我眼前一亮。我近前一看，那是一个高中毕业帽上的流苏，仔细地摆放在墓碑前。

我不相信自己的眼睛！这些年里他表现得好像并不在意，可凯利要妈妈与他分享他的成就，用这种他认为合适的方式。这么多年来，是我没有看到他内心的痛苦，我总是以为他没有任何感觉。

这是我弟弟在意母亲的证明，用那个闪着金光的流苏。

谢谢你借给我一冬的温暖

叶十朋

　　那张50元的纸币已经在掌心里捏出了汗，走过第一个摊位，第二个，第三个……他已经在这条小巷子里走了一个来回，嘴唇抿住又松开，松开又抿住。肚子发出"咕咕"的声音，不是听见的，他感觉得很清楚。10月末的夜晚，北方已经到了零度以下的温度，饥饿带来加倍的寒冷。寒风中，他把身上并不太厚的衣服裹了裹，下定决心一般，在那个玻璃窗外停下了脚步。

　　灯光下，他年轻的倦容清晰起来，很老实本分的一张脸，只是此刻的眼神是游移的。敞开的橱窗中，一位50多岁的老妇人正在利落地擀着面，旁边的锅里热腾腾的蒸气蔓延开，迅速潮湿了他的目光。

　　他又下了一次决心，转身走进旁边敞开的门，甚至没有察觉钱在自己的手里，已经握成了团。

　　新的一把面抻开来放到锅里，老妇人转身热情地招呼他，说道："小伙子，吃面吧。"

　　"嗯，要一碗面。"他说，又小声重复，"一大碗。"然后他找了灯光微微暗淡的角落坐下。

　　"马上好马上好。"老妇人飞快地盛了一碗面汤端到他面前，"看你冻的，脸都紫了，晚上寒气重，也不多穿点，快先喝碗汤暖暖。"带着责备的温暖笑容，让他想起远在家乡的母亲。母亲说话，也是这样的口气……他低了一下头，握着纸币的手飞快藏到了桌下，那一刻，他几乎想要站起来逃跑了，可面汤的味道却飘过来，袭击了他。

他太饿了，又冷。他太需要一碗热腾腾的面。这条街上的面馆并不少，他观察过，店主大多是中年人，只有她上了一些年纪，温和的眼神里充满真诚，没有一般生意人的精明。或者，只有她不会防范，所以他选择了她的面馆。

老妇人不再看他，已经转身去照看那锅已经散发出浓浓香气的面，他再也等不下去，迫不及待用力喝了一大口面汤。一股暖意顺着喉咙流遍了全身，这引发了他更加强烈的饥饿感。

他决定不再多想了，对自己说，这也是没有办法。

面很快端了上来，满满的一大碗，放到桌上，老妇人又送上来一盘拌好的油辣子，说："这是专为我闺女准备的，她吃面，离不开辣椒，吃了驱寒开胃，要是不怕辣，你也放一点。"

他应着，拿了小勺添辣子，手却莫名地抖了一下，才想起，手中还握着那50块钱。匆忙地塞进裤兜里，依旧没有抬头，挑起面来让散发的热气遮挡着自己的目光。

"面汤是免费的，可以再续。"老妇人拍拍手，不再同他说什么，转头招呼其他顾客了。

面很筋道，细，不粘连，很像出自母亲的手。他大口地吞咽着，再来不及细细品尝味道，只想快点吃完离开。过来给其他客人送面的老妇人看到他的吃相，又笑着说："慢点慢点，别噎着。"

终于把最后一口汤喝下，他擦了一下嘴站起来，说："多少钱"

"3块。"老妇人笑眯眯地看着他，问道："吃好了？"

"嗯。"他又低低地应了一声，把裤兜里已经揉成团的50块钱拿出来看也不看地递过去，说道："给。"

老妇人把钱接过来、展开，并没有怀疑什么，依旧微笑着说："这么大的钱啊，小伙子，换张零的吧，不好找呢。"说着，把钱递还给他。

"没……没有零钱。"他不敢抬头也不去接钱，声音更加慌张起来，感觉到脸也发烫了。

"真的没有零钱吗？"老妇人又温和地问了一声。

他几乎没有勇气回答，只是不住地点头。

"那，我找给你吧。"老妇人却没有再继续说什么，转身去给他找钱了。他的目光飞快地跟着扫过去，忽然瞥见桌上的一台验钞机，心一下提到了嗓子眼。但老妇人似乎忘记了那台机器，没有检验那张50块钱的真伪就拉开抽屉放了进去，然后，一张张朝外拿零钱。

他感觉到时间仿佛凝固了。终于，老妇人拿着一把零钱朝他走过来，说："小伙子，给，数一下，47元，看对不对。"

不用数了。他几乎是一把把钱抓过来，转身冲出了老妇人的小面馆。

跑出去好远，他才停下脚步，冷风穿过夜晚的街道吹过来，他发觉自己竟然出了一身冷汗。慢慢摊开掌心里的钱，10元的、5元的、2元的钱，新崭崭的，那样有质感，不像他给她的那张，软塌塌的，图像模糊。可当时，她竟然没有看出来那是假的。

那是他帮人做了三天搬运工的报酬，是他仅有的一点钱。他来城里快一个月了，没有找到合适的工作，带的很少的钱也花光了，最后碰上搬东西的活，就三天，干完活领了钱拿去买吃的，钱却被店主扔出来，他还被人骂了一顿，说他拿假钱骗人。而他想回去找人都不知道应该找谁。就那样晃荡了一天，他快饿得撑不住了，才选了那个地方，可是，她竟然真的被他蒙蔽了。

47块钱被折叠好装进裤兜，这让他的心踏实了一点，至少，这几天他不会为吃饭发愁了。住处倒好说，随便找个地方都能凑合一晚……这样想着，他开始朝前走去，走了几步却又停下了，说不出为什么，他想再回去看看刚才吃饭的那家店。

真的就转身走了回去。那是条热闹的小吃街，很多人穿行其中，没有谁注意到他，他一家一家地走过去，很快又到了那个橱窗口，站在对面的暗影里，他看到身形微胖的老妇人依旧在忙碌着，擀面、押面、下锅、盛面……忙碌中腾出手来把一缕散乱的头发塞到耳后。头发已经半白了。

他仰起头，看到小面馆黑色招牌的烫金字："张妈妈手擀面"。怔了一小会儿，他的眼泪就直直地落了下来。他的母亲也姓张，在村里，也有人称呼她张妈妈。母亲也擀得一手好面，也是这般的年纪，头发花白……50块钱，他简单计算了一下，老妇人要卖17碗面才能卖出来，17碗，要费多少力气呢？想着，心渐渐缩成一团，后悔得什么似的，他觉得他骗的不是一个陌生的老妇人，而是自己的母亲。只是，他却没有勇气回头去说明一切，他怕看到她对他的失望，他害怕看到一个母亲失望的眼神。

再一次，他转身奔跑着离开。

第二天，他用那47块钱批发了一些水果去了一个偏僻的小区出售，认真地称秤，小心地收钱找钱……一天下来，竟然赚到了10块钱。第二天，除去吃饭花的，他又拿着53块钱去了水果批发市场……

三个月后，他在市场有了自己一个小水果摊，每天赚不了多少钱，算是安定下来。

那天晚上，他再次来到"张妈妈手擀面"的门前，面馆的外面和里面都很安静，还不是吃饭的时候。

他走进去，店里桌几干净整齐，却没有人。在他喊了两声后，有个女孩应声从里间走出来，看着他说："对不起，现在还没有面呢。"

女孩二十五六岁的样子，眉眼有些像那个老妇人，笑容也像。

他不好意思地笑笑，说道："我不是来吃饭的，我是来找，找那个大妈的。"

"你找我妈？"女孩歪歪脑袋，说道："我妈早走了，现在我是老板，我妈跟我爸回乡下享福去了，说在城里待腻了。找她有什么事吗？"

他的心一松，一路上都在为见到老妇人而感到难堪，没想到，她已经离开了。但随即又有了一丝遗憾，竟然，他连当面跟老妇人道歉的机会都失去了。

女孩依旧疑惑地看着他，他定定神，说："是这样的，我曾经，曾经借过您母亲50块钱，大概三个月前了，真是非常抱歉，因为忙一直没有过来，现在，我来还给她。"说完，他拿出一张准备好的崭新的50块钱，连同一兜新鲜的水果一块递过去。说："是我自己摊子上的水果，挑了点好的想送给大妈的，没想到她走了。"

女孩先是愣了一下，忽然地，眼神里就露出了一丝惊喜，欢快地说："我知道你，我妈说过，你一定会回来，我妈说她相信你是遇到了难处才那样做的……"

忽然意识到自己说漏了嘴，女孩住了口，招呼他坐。

他礼貌地拒绝了，然后借口忙，跟女孩说了再见便走出门去。

腊月了，还有十几天就过年了，天着实冷得很，天空却湛蓝。深深呼吸一口清冷的空气，他的心在这一刻彻底释然，他知道女孩要说的是什么。是的，那天晚上老妇人是知道的，每天收那么多次钱，她怎能分辨不出他的钱是真是假，可是，她没有揭穿他，只是因为她看到了他的窘迫，看到了他的无奈。她几十年的阅历使她相信，他不是那种恶意使诈的人，也许他只是需要帮助，所以她把那50块钱"借"给他，因为善良的她相信总有一天，他会回来改正自己的过错。

他做到了，他没有辜负她的信任，没有辜负一个母亲的希望。而因为她的"借"，因为他的"还"，在他们心里，这必定是个温暖的冬天。

贰

万家灯火，
总有一盏为我而亮

家是生命中一盏橘黄的灯

王明亚

生命，是一个从荒芜到芳草萋萋的过程。在这个过程里，我们最不能忽略也无法忽略的，是家。

第一次，用一个婴儿的姿态蹒跚着走出家门，扑闪着一双好奇的大眼睛，愣愣地不知往哪里去。然后学着辨别家的方向——或许是一爿半启的门扉；或许是廊前摇摆的衣架；或许是熟悉的猫的声音；或许是苦楝树下狗的饭盆；或许是一张永远等候在门口的笑脸……一点一滴，开始了一个人一生中对家的最深长的认识和依恋。

记得，上学后每天背着书包走在长长短短的田埂上的情景。有时是一个人，有时会有一个伙伴；有时风雨交加，有时斜阳万丈。不管是每一天的清晨，还是每一天的黄昏，总是那相似的没有改变的路。很多次，想停步，因为疲惫，因为厌倦。

然后，一声近处的狗吠声，和着一句坚硬的吆喝；或者是农舍上空袅袅腾腾的烟雾；或是与你擦身而过的某个同样匆匆的背影；或是某一家忽然亮起的橘黄的灯光，只一刹那，就勾起了内心深处软软的、切切的、对家的渴念。

于是急急地加快脚步。

　　因为知道，远处那个属于我的家里，肯定也有这样一圈微黄的光晕正为我铺展；因为知道，在那光晕下，有一桌为我等候的饭菜。几双期盼的焦灼的眼睛，那只永远摇着尾巴守在门口的大灰狗，那一份静谧的等待，在这昏黄的途中，延伸为最动人的诱惑。而那路上如水的月光，也有了我熟悉的温暖与明亮。

　　学会漂泊的日子里，路依然遥无边际。滚滚红尘中，马不停蹄地往前赶。偶尔停下来，在陌生的街头，在夕阳将落未落的黄昏。尽管周围有人群，有房屋，有灯光，有让人追寻、让人迷恋的热闹，可是，只一瞬间就意识到，自己是多么彷徨、孤独，这所有的辉煌跟自己没有一点关系。忽然却步不前，只因记忆中那一面旧泥墙，爬在墙上的紫藤萝，几株香气四溢的栀子花树，花上碎碎点点的阳光，灶膛里星星点点的火焰，那每一缕袅然升起的炊烟，因炊烟的飞舞而呈现的风的姿态，狗的嘶哑的吠声，门前树下那条空凳子的孤单守候，父母亲满满的爱的牵挂……

　　于是，一刻也不能停缓地上路了。所有生命中匆匆放下了一段时间的所有，在推门的一刹那，都细细密密地回来了。

　　于是，怵然警觉：这一生一世里，不论路在何方，又将去向哪里，家是一个人永远也走不出的牵挂。黎明时出门的那一回头，黄昏时进门的那一颔首，在厚厚沉沉的生命里，攀成永远的常青藤。

　　尽管，我会由被人牵挂而变为牵挂别人，但这份对家的依恋依旧。我还是那个处在长途中的人，还是那个奔波忙碌、时常不知所措的人，还是那个茫茫然疲惫不堪的人。而家永远在我的记忆里，在我的意识里，在醒来梦去的眸子里，清晰如昨。它们总是站在一个固定的方向、一个固定的地方，以它的一片馨香、明媚，温情地指引一颗心归来，洗尽那尘世中的种种铅华，让那颗心忘记漂泊路上的苦涩，从而撑起一片希望，只为明日又可以轻轻松松地上路。

　　"家是一个人点亮灯在等你。"记不得这样温馨的文字出自哪本书了。可是确实啊，家从一个人生下来起就是他生命中一束橘黄的灯光。因为有家，因为有深沉的牵挂，生命才不会因无根而枯萎；也正是因为有家，因为有如此深沉的牵挂，生命才会熠熠生辉。

父母的能与不能

佚　名

我能给予你生命，但不能替你生活。

我能教你许多东西，但不能强迫你学习。

我能指导你如何做人，但不能为你所有的行为负责。

我能告诉你怎样分辨是非，但不能替你做出选择。

我能为你奉献浓浓的爱心，但不能强迫你照单全收。

我能教你与亲友有福同享、有难同当，但不能强迫你这样做。

我能教你如何尊重他人，但不能保证你受人尊重。

我能告诉你真挚的友谊是什么，但不能替你选择朋友。

我能对你进行性教育，但不能保证你保持纯洁。

我能对你谈人生的真谛，但不能替你赢得声誉。

我能告诉你必须为人生确定崇高的目标，但不能替你实现这些目标。

我能教给你做人的优良品质，但不能确保你成为善良的人。

我能责备你的过失，但不能保证你因此而成为有道德的人。

我能告诉你如何生活得更有意义，但不能给你永恒的生命。

我能肯定我将尽自己最大的努力给予你最美好的东西，但不能给予你前程和事业。

……

孩子，我能为你做很多，因为我爱你；但是，你要明白，即使我愿意永远和你在一起，也还是要由你自己做出那些重要决定。为此，我只求灿烂阳光永远照亮你的人生之路，使你总能做出正确的决定。

世上最疼我的那个人去了

张 洁

1991 年 7 月底，妈突然以迅雷不及掩耳的速度衰老了，身体也分崩离析地说垮就垮了，连个渐进的过程也没有。自 1987 年她得黄疸性肝炎以后，我每半年带她做一次 B 超，医生每次都说她什么病也没有，一定能够活到 100 岁。我这样盲目地乐观，还可能是因为妈太自强，太不需要我的关照，什么事都自己做。就在她去世前的五六个月，还给我熬中药……而妈可能早有预感。

1991 年 7 月初，我到哈尔滨、大庆采油七厂采访，她比我哪一次外出都更想念我。可是我给她打长途电话，问她各方面的情况如何的时候，她都是说："没事，挺好的。"我在哈尔滨待了不过十几天，一到家里就发现她颤颤巍巍地塌了腰，走起路来磕磕绊绊，举步维艰，妈也到了人生的最后阶段? 可是她不肯对我说实话，她怕我受不了这个打击——一直是互相搀扶才能挣扎过来的、只有我们两个人组成的这个队列，即将剩下我一个人了……

其实妈是很刚强的人，或者不如说她本不刚强，可是不刚强又怎么办，也只好刚强起来。

妈自小丧母，只能将奶奶的爱当作母爱的代偿。可是就连这种代偿性的母爱，她也没能得到多少。妈的妈是后妈。由于没有真实意义上的父亲，自然也就没有了真实意义上的奶奶。

妈是个好强的女人，可是她这辈子没有、也没法有什么远大的志向。她一生下来，就给扔进了为吃饱穿暖而挣扎的深坑，又寄养在亲戚家，饭都不给吃饱，还想念什么大书？就指望着出嫁这个改变境遇的机会，可是恰好是应了"男怕选错行，女怕嫁错郎"的俗语。最底层的妇女还有她男人在前头挡着呢，谁给妈挡着！

母亲说我是在北京出生的，我出生在隆福寺后面的一条胡同里。我从幼年起，就跟着妈住在外地她任教的小学单身宿舍。在食堂开伙，连正经的炉灶都没有一套。馋急了眼，妈就用搪瓷缸子做点荤腥给我解馋。一到年节，看着万家灯火，就会备感那许多盏灯火里没有一盏属于我们的凄凉。

我应该叫做父亲而又不尽一点父亲的责任的那个人，把我和母亲丢下，一个大子儿不给的年月，我们全是靠稀粥度过的。妈活下来了，我也长大了，长得比妈还高。这是因为我到底有个亲妈的缘故。有一口粥她就给了我，有两口粥还是我的，除非有三口粥，才有一口是她的。虽然是喝粥，但妈总能让我喝饱肚子。

母亲年轻的时候很爱唱歌，会唱很多电影上的流行歌曲，不知怎么，常常涌上心头的是这句歌词，"梦魂无所依，空有泪满襟"。

见过我们三代人的朋友都说，妈是我们三代人中间最漂亮的一个。所以我和我女儿唐棣老是埋怨妈："瞧您嫁了那么一个人，把我们都拐带丑了。"

妈听了不但不气，还显出受用的样子。妈的漂亮是经得住考验的。一般人上了年纪就没法看了，可妈即使到了 80 岁的高龄，眉还是眉，眼还是眼。现在，她的一张照片就在我的电脑旁边放着，我侧过头去，凝视着她。她对我仰着头，信赖、期待、有赖我呵护地望着我，也就是这样地把她的后半辈子交给了我……一想到妈那么漂亮的一个人，大手术后没等头发长出来就光着脑袋去了，我就为她委屈得掉泪。我想她直到去世也不照镜子，可能是想为自己保持一个完美的自己吧。

回想我这辈子跟妈吵的架，基本有两大类：一是不听她的话；再就是我让她吃好，她老舍不得吃。

过去妈是很爱"参政"的，并把她的"参政"叫做"提醒"。从我的写作到结交的人到往来的应酬，更不要说是恋爱结婚……有些意见我从未认真听过，有些意见干脆不听，为此我们常常发生摩擦。其实妈的"参政"和一般人的好事大不相同，她是怕我处事不慎、吃亏上当。说到底，妈的"参政"是对我的守护。她老是不放心，总觉得我的头上悬着一把利剑，那把剑随时都会掉下来扎在我的头上。她得时时守护着我，按妈的说法，也就是"提醒"着我。

"提醒"一次、两次还行，时时"提醒"，我就烦了。一烦，就会和她戗戗起来。虽然我们常常争吵，可我知道妈是为了我好……

既然我已身为他人之妇，就得谋为妇之政。晚上过先生那边去给他做晚饭，一早再从先生那边过到母亲这边来，所谓的陪伴母亲、服侍母亲，给母亲做一顿中午饭，外带在电脑上打字挣钱养家。所以妈老是希望天气晴好，免得我这样窜来窜去地被风吹着、被雨淋着、被太阳晒着……提醒我及时地加减衣服。

在我准备午饭的时候，就把妈叫到紧连着厨房的小厅里，为的是趁着我做午饭不能写文章的时候，和妈多待一会儿、多说几句话。她怕影响我的写作，总是克制着想要守着我待一会儿的愿望。就连给陪伴她度过许多寂寞时日的猫煮猫食，也要歉歉地、理亏似的打个招呼。但是任谁，浪费起我的时间、精力、心血，都慷慨得很。

她对我的已然算不了什么先进科学的电脑，始终怀着一丝敬畏。有那么两次，就在 7 月或 8 月，她扶着我工作间的门框，远远地站在我和电脑的后面，说："我都不敢往前靠，生怕弄坏了它。"

我把她拉到电脑跟前，让她看我如何在电脑上操作。我不知她是否真的看到了电脑上的字，但我却听见她说"真好啊"。她这时的视力几乎等于零了。

其实妈对疾病还是相当恐惧的。记得有一年她得了食道炎，她总以为得的是食道癌。在等待进一步检查确诊的时候，每天晚上等大家睡下后，就悄悄地坐起来拿块馒头一口口地嚼咽，以试验她的食道是否已经堵塞。她永远都不知道，我是如何用棉被捂着自己的呜咽，看她坐在黑暗中一口一口吞咽馒头的。

她对疾病的恐惧不是因为贪生怕死，更不是留恋人间的荣华富贵。她只是不放心把我一个人丢下，她是为了我才分外爱惜生命、恐惧疾病的呀……

平时从没有拿出过这么多时间陪妈，只有在妈病成这个样子的时候，才想到好好守着她，等到她无时不在盼望的、可以和我日夜厮守的时候来了，她却抑制不住地昏睡。

不但昏睡，对身边的事物有时也不大清楚了。老是把医院说成学校，把大夫说成老师。只有对我们的爱，是永远清醒着的。

大夫打算再给她做一次核磁共振的时候，她掉泪了，说："又要为我花钱了。"再一次掉泪，是因为听说我向机关借了一万元钱付医院的押金，她说："为了给我治病，你都倾家荡产了。

这可以说是妈一生中的最后两次泪，从此，到她清楚地知道，她在这个世界上已经没有几日可以盘桓，并且不动声色地独自怀揣着这个惨痛的隐秘，走完她最后的人生时，再也没有流过泪。

妈在患脑萎缩又做了脑垂体瘤手术后，居然像一匹趴槽的老马，又挣扎着站起来了。一站起来就想和我一起在只属于我和她两个人的人生跑道上迅跑……那天，她让我从后面托着她的胳肢窝，练习了几次从凳子上起立坐下的动作。我真是只用了一点点劲，她就站起来了。她练了还要再练，我怕她累，说："明天再练吧。"

可是妈没有明天了。要是我知道妈已经没有明天，我何必不让她再多练几下、让她多高兴一会儿呢……

人人都说我是个孝女，我不需要人们说我好，我要的是妈活着。给妈换内衣的时候，我发现她的两个膝头微微地磨掉了皮，看得出妈在最后的时刻，曾想挣扎着站起来，而且是拼死拼活的挣扎。

……

妈入院时穿的这套衣服，我收了起来。将来，不管由谁来给我装殓，千万给我穿上。还有一件蓝色海军呢的长大衣，和一条纯毛的苏式彩条围巾，是1958年我还在念大学的时候，当小学教员的妈给我买的。以我们家当时的经济情况而言，这笔开销可谓惊天动地的壮举。我猜想妈之所以给我置办这套行头，可能觉得我已到了谈情说爱的年龄，老穿补丁衣服会男朋友怎么行……

我曾到西直门火车站办理妈去世后的一应手续，妈退休后一直在那里领取每月的退休养老金。从三十几块，领到一百五六十块。十多年前，当她还没有这么多退休金，而我的月收入也只有56块钱的时候，以她70岁的高龄，夏天推个小车在大太阳底下卖冰棍，冬天到小卖部卖杂货，赚点小钱以贴补我无力维持的家用。那时候卖冰棍不像现在这样赚钱，一个月干下来，赚多赚少只能拿二十多块钱，叫做补齐差额，即卖冰棍或卖杂货的收入，加上退休工资不得超过退休时的工资额。记得我将第一笔稿费178块钱放在她的手里，对她说"妈，咱们有钱了，您再别去卖冰棍了"的时候，她瘪着嘴无声地哭了……

妈去世前这一两年老对唐棣或我说："我也没有给你们留下什么钱，什么遗产……"每每说到这里，就会哽咽得说不下去。

我对她说："您把我们拉扯大，不就是最好的遗产吗？"

家风家教是我一生的功课

南一鹏

　　父亲南怀瑾的离世，对所有人来说都超乎想象地早。不论是子女还是学生，每个人都怀着尊崇，期盼这盏灯能长明，让自己在为人处世上不致迷茫。

　　父亲常教导我们，人贵自立。以他老人家为例，他从不愿意接受子女的回报，也从不要求子女参与他对国家和社会的工作。父亲对一生取得的成就，都秉持"为而不有"的原则，父亲的出生地地团叶故居的捐赠如是，金温铁路的建设亦如是。父亲为了保护子女免受争名夺利的无妄之灾，从来没有要求我们参与任何他做的事。我们似乎也天生与他有着观念上的契合，从未因任何自身的利益向父亲开过口。我们从小就学习着"放下"，对名利权情，对世俗世事，对物质欲望，大多沾而不黏。

　　父亲的朋友们亦对我们影响很大，我们从小接触的都是才华横溢的长者，像王凤峤先生、刘大镛先生。每次这些朋友来的时候，我们小孩子也很高兴地跟着大人"吃喝玩乐"，搬藤椅、凳子到住宅外，到房子前，把门口当院子，坐在外面喝茶、吃柚子、聊天、笑闹。父亲跟朋友聊天时，我们小孩也会旁听，那些不经意流露出来的诗词典故，在我耳中如雅乐般动听。现在回想起来，那些时刻是多么幸福。

万家灯火，善有一盏，为我而亮

虽然排行老三，但是父亲对我还是怀有期望的。很小的时候，他就让我背诵《三字经》《千字文》《古文观止》《千家诗》和《唐诗三百首》，每天早上出门的时候指定一段文辞让我背，傍晚回来的时候考我。现在回想，当年父亲每天要求我背诵的内容不过一百来字，没有太多任务，也没有逼迫太紧。当时背得深恶痛绝，如今却深入骨髓，虽不能说这样就把我的基础打好了，但至少奠定了我对中国文学文化的兴趣。

从我会看书起，父亲就让我随意进出他的书房。我喜欢不时地看看父亲在读什么书。他读完的书，如果不是太过艰涩难读，就会成为我读的下一本书。父亲读书，时常会做点评，有时就在书页空白处写下些心得或是评语；对他喜欢的字句，也会在旁边加以圈点，有如古人读书的习惯。后来我也形成了这样的习惯，喜欢的书总有些地方让我画花了。

长大的孩子，会怀念小时候父母的督导，我就是这样。"书到用时方恨少，事非经过不知难。"遗憾父亲在我小时候没有再督导我多一点。好在我喜欢读书，已经养成和父亲一样广博的阅读兴趣。父亲对子女的教育往往是开放式、启发性的。除了最初对我读的书有所要求外，之后给我的只是一个环境，一个靠自己去学习的环境。

外出读书前，虽然能带的行李有限，我还是从父亲的书架上拿了许多书。一套小字的《二十四史演义》，从小读到大，看了几遍，实在舍不得离身，也被我带来了。每次看到书架上的书，都会感念父亲和我分享他的藏书。这些书，还有父亲的教诲，会随着我的足迹而延续、存在，这是我对父亲永远的怀念。

雨停了是否有阳光

魏惵香　张海修

孤儿院里有一位八岁的小妹妹，不太爱说话，常常一个人静静地坐在角落。她喜欢听故事，见面时总拉着我："大哥哥，快点讲故事给我听嘛！"

我讲故事的时候她总是窝在我的怀里，一语不发，带着微笑望着我。

后来，我送给她一本故事书，哄着她说："大哥哥没空给你讲故事，所以特别买这本书送给你。"

本以为她会非常开心，可是她却显得难过不已，低声地说："是不是大哥哥不喜欢我，以后不再讲故事给我听了？"

为了证实我并不是这个用意，于是又给她讲了个故事。

一个月以后，我去探访她，这一次她送了我一件礼物，是她亲手画的一张画，画里是大哥哥揽着小妹妹，天空还飘着几朵白云。

这几年我常常回想，为什么她会喜欢听我讲故事？

我深深觉得，也许她并不是喜欢听我说的故事，而是喜欢窝在我的怀里，感受那种有人呵护疼爱的温暖的感觉吧。

父爱昼夜无眠

尤天晨

　　父亲最近总是萎靡不振，大白天躺在床上鼾声如雷，新买的房子如音箱一般把他的声音"扩"得气壮山河，很是影响我的睡眠——我是一名昼伏夜"出"的自由撰稿人，并且患有神经衰弱的职业病。我提出要带父亲去医院看看，他这个年龄嗜睡，没准就是老年痴呆症的前兆。父亲不肯，说他没病。再三动员失败后，我有点恼火地说："那您能不能不打鼾，我多少天没睡过安生觉了！"一言既出，顿觉野蛮和"忤逆"，我怎么能用这种口气跟父亲说话？父亲的脸在那一刻像遭了寒霜的柿子，红得即将崩溃，但他终于什么也没说。

　　第二天，我睡到下午4点才醒来，难得如此"一气呵成"。突然想起父亲的鼾声，推开他的房门，原来他不在。不定到哪儿玩麻将去了，我一直鼓励他出去多交朋友。看来，虽然我的话冲撞了父亲，但他还是理解我的，这就对了。父亲在农村，我把他接到城里来和我一起生活，没让他为柴米油盐操过一点心。为买房子，我欠了一屁股债。这不都得靠我拼死拼活写文章挣稿费慢慢还吗？我还不到30岁，头发就开始"落英缤纷"，这都是用脑过度、睡眠不足造成的。我容易吗？作为儿子，我唯一的要求就是让他给我一个安静的白天，养精蓄锐。我觉得这并不过分。

　　父亲每天按时回来给我做饭，吃完后让我好好睡，就又出去了。有一天，我随口问父亲，最近在干啥呢？父亲一愣，支吾着说："没，没干啥。"我突然发现父亲的皮肤比原先白了，人却瘦了许多。我夹些肉放进父亲碗里，让他注意加强营养。父亲说，他是"贴骨膘"，身体棒着呢。

　　转眼到了年底。我应邀为一个朋友所领导的厂子写专访，对方请我吃晚饭。由于该厂离我的住处较远，他们用车来接我。饭毕，他们让我随他们到附近的浴室洗澡。雾气缭绕的浴池边，一个擦背工正在一肥硕的躯体上刚柔并济地运作。与雪域高原般的浴客相比，擦背工更像一只瘦弱的虾米。就在他结束了所有程序，转过身来随那名浴客去更衣室领取报酬时，我们的目光相遇了。"爸爸！"我失声叫了出来，惊得所有浴客把目光投向我们父子，包括我的朋友。父亲的脸被热气蒸得浮肿而失真，他红着脸嗫嚅道："原想跑远点儿，不会让你碰见，丢你的脸，哪料到这么巧……"

　　朋友惊讶地问，这真是你的父亲吗？

　　我说是。我回答得那样响亮，因为我没有一刻比现在更理解父亲，感激父亲、敬重父亲并抱愧于父亲。我明白了父亲为何在白天睡觉了，他与我一样昼伏夜出。可我深夜沉迷写作，竟从未留意父亲的房间没有鼾声！

　　我随父亲来到更衣室。父亲从那个浴客手里接过3块钱，喜滋滋地告诉我，这里是闹市区，浴室整夜开放，生意很好，他已攒了一千多块了，他说："我想帮你早点把房债还上。"

　　在一旁递毛巾的老大爷对我说："你就是小尤啊？你爸为让你写好文章睡好觉，白天就在这些客座上躺一躺……"

　　我心情沉重地回到浴池。父亲撇下老李头，不放心地追了进来。父亲问，"孩子，想啥呢？"我说："我想，让我为您擦一次背……"话未说完，就已鼻酸眼热，湿湿的液体借着水蒸气的掩护蒙上眼睛。

"好吧，咱爷俩互相擦擦。你小时候经常帮我擦背呢。"

父亲以享受的表情躺了下来。我的双手朝圣般拂过父亲条条隆起的胸骨，犹如走过一道道爱的山岗。

种妈妈

黄守东

　　偏远山村三十里堡有个小女孩本来叫娇娇，可是自从妈妈走了以后，爸爸就给她改名叫盼盼，意思是盼望妈妈早日回家。妈妈是在盼盼不到两岁的时候离开家的，爸爸只说妈妈出了远门。可是盼盼还是从别人口中渐渐知道了妈妈是狠心抛下她和爸爸离家出走的。盼盼懂事，她也不把真情告诉爸爸，她更不恨妈妈，只是默默盼望妈妈早点回来。妈妈走时盼盼还太小，还记不住妈妈的模样，好在妈妈给她留下了一张珍贵的照片。照片上的妈妈年轻美丽，亲切温柔，盼盼把这张照片精心收藏好，想妈妈了就拿出来看一看。她还经常对着照片呼唤妈妈，她觉得妈妈听见了她的呼唤，不管离家多远也会赶回来的。

　　爸爸对盼盼很好，他又当爹又当娘，尽量哄女儿开心，可是盼盼耳边却总响着一句歌词："没妈的孩子像棵草。"

　　七八岁的盼盼上学了。

　　春季的一天，老师教了篇课文，名叫《种子》，老师说种子种到地里浇上水就会发芽，玉米种下去长出玉米，小草籽种下去长出小草，小树种下去长成大树。盼盼听得两眼放光，她突然问道："照片种下去，会长出妈妈来吗？"同学们笑了起来，老师摇摇头说："只有种子才会发芽，照片不是种子。"小盼盼还是第一次不信老师的话。她放学跑回家急忙找出妈妈的照片，捧在手里看了又看，然后在院里挖开一个小土坑儿，珍重地把照片种下去，小心地培好土，又细细地浇上了一瓢清水。然后盼盼跪在那一片儿新土前，学着邻居家电视里一个小和尚的样子合掌祈祷："妈妈，你快点长出来啊！"

小盼盼天天为照片浇水，没事时就捧着小脸蛋儿望着那片种着希望的土地，想象着扑进妈妈怀抱的滋味。想着想着盼盼哭了，想着想着盼盼又笑了。

一天又一天过去了，春天过去了，秋天也过去了，庄稼都收割上场了，可盼盼的妈妈还没有长出来。不过盼盼不灰心，她坚信妈妈一定会长出来的。冬天来了，盼盼给种下照片的地方盖上了小棉被，她不能让妈妈冻着了。

在盼盼殷殷的盼望中，万物复苏，又一个春天来到了山里。爸爸种在园里的黄瓜豆角都已拱出了土，可是妈妈还没有长出来。这天是个星期天，爸爸下地去了，干完零活的小盼盼又坐在了种妈妈的地方，流着泪不断呼唤着妈妈，她真的已经等急了，她害怕这个春天照片还不发芽。

什么东西落到了盼盼的脸上，热热的，她抬头一看，一个女人正站在跟前深情而又愧疚地注视着她。刚才落在她脸上的，是那女人的泪。盼盼惊呆了！虽然面前的女人穿着打扮和照片上大不相同，可盼盼还是一眼认定她就是妈妈！但盼盼又一时不敢相信这是真的，她怕这又是幻觉又是梦。盼盼使劲揉揉眼，看见妈妈真真切切站在面前，正流着激动的泪水向她张开怀抱。"妈妈！"盼盼流着泪欢叫一声，像只小燕子般飞进了妈妈的怀抱。妈妈紧紧搂着盼盼、亲着盼盼。妈妈是从很远的地方赶回来的，因为她听见了盼盼的呼唤，不管走出多远，盼盼殷殷的呼唤都时刻响在她的耳旁。经过多少次犹豫，妈妈终于走回了女儿身边。盼盼却坚信这是自己创造了奇迹，她向下地归来含泪站在门口的爸爸骄傲地宣告："爸爸，我把妈妈种出来了！

父亲赠我的座右铭

黄大能

六十年前，父亲黄炎培赠我座右铭，全文是："事繁勿慌、事闲勿荒，有言必信、无欲则刚。和若春风、肃若秋霜，取象于钱、外圆内方。"

我带着他的手书留学英国。在国外时，不少中外友人指着这一立轴，问我："这'取象于钱、外圆内方'作何解释？"

"父亲的座右铭，教我怎样待人接物。'取象于钱，外圆内方'这八个字，是指中间有方孔的铜钱，也就是说，如果认为这是真理，是绝对正确的事，就应像钱中的方孔那样方正，应该坚持；然而对人的态度，就应和若春风，也就是要'圆'。但是这里所谓的'圆'却不是'圆滑'。在原则上必须要像'秋霜'一样的严肃。在待人处事上，则应像'春风'那样和气。"

我虽然遵照着这个教导为人处世，但随着自己年龄的增长，对其中深奥的含意，却愈益感到以上解释并不完全，愈加感到大有补充的必要。

具体到我的三兄、清华大学教授黄万里，为了三门峡工程而独自据理力争。至于他有没有做到父亲教导的"和若春风"，或是有没有完全做到，我并不清楚，但"肃若秋霜"，他是做到了。日常人际关系的复杂矛盾，多如牛毛，如果人人都能做到"和若春风、肃若秋霜"，则相信矛盾解决的可能性就大得多了。

　　"和若春风、肃若秋霜"这八个字中一个"和"字、一个"肃"字都是关键字眼。如果确认自己的意见是符合真理的，就该考虑用什么样的方式，甚至策略或手段，来使他人能接受这个真理。所以，这个"和"就不单解释为"和气"二字了。至于"肃"字当然是指严肃，但深一层看，却还包括了"坚持"，乃至"刚直不屈"。三门峡问题，实际上不少科学家是懂得如何正确处理的，但一些人可能屈服于"一边倒"的形势，因而做不到像"秋霜"那样的严肃了

抱着父亲回故乡

刘醒龙

抱着父亲。

我走在回故乡的路上。

一个模模糊糊的小身影，在小路上方自由地飘荡。

田野上自由延伸的小路，左边散落着一层薄薄的稻草，相同的稻草薄薄地遮盖着道路右边，都是为了纪念刚刚过去的收获季节。茂密的巴茅草，从高及屋檐的顶端开始，枯黄了所有的叶子，只在茎秆上偶尔留一点苍翠，用来记忆狭长的叶片如何从那个位置上生长出来。就像人们时常惶惑地盯着一棵大树，猜度自己的家族，如何在树下的老旧村落里繁衍生息。

我很清楚自己抱过父亲的次数。因为，这是我平生第一次抱起父亲，也是我最后一次抱起父亲。

父亲像一朵朝云，逍遥地飘荡在我的怀里。童年时代，父亲总在外面忙忙碌碌，一年当中见不上几次，刚刚迈进家门，转过身来就会消失在租住的农舍外面的梧桐树下。那时的父亲，像是穿堂而过的阵阵晚风。

父亲像一颗圆润的家乡鱼丸，而且是在远离江畔湖乡的大山深处，在滚滚的沸水中，既不浮起，也不沉底，在水体中段舒缓徘徊的那一种。抱着父亲，我才明白，能在沸水中保持平静是何等的性情之美。

怀抱中的父亲，更像一枚五分硬币。那是小时候我们的压岁钱。父亲亲手递上的，是坚硬，是柔软，是渴望，是满足，如此种种，百般亲情，尽在其中。

怀抱中的父亲，更像一颗砣砣糖。那是小时候我们从父亲的手提包里掏出来的，有甜蜜，有芬芳，更有过后长久留存的种种回甘。

父亲抱过我多少次？我当然不记得。

我出生时，父亲在大别山中一个叫黄栗树的地方，任帮助工作的工作队长。得到消息，他借了一辆自行车，用一天时间，骑行三百里山路赶回家，抱起我，随口为我取了一个名字。这是唯一一次由父亲亲口证实的往日怀抱。父亲甚至说，除此以外，他再也没有抱过我。我不相信这种说法。与天下的父亲一样，男人的本性使得父亲尽一切可能，不使自己柔软的一面显露在儿子面前。所谓"有泪不轻弹"，所谓"有伤不常叹"，所谓"膝下有黄金"，所谓"不受嗟来之食"，说的就是父亲这一类的男人。

头顶上方的小身影还在飘荡。

我很想将她当作一颗来自天籁的种子，如蒲公英和狗尾巴草，但她更像父亲在山路上骑着自行车的样子。

抱着父亲，我们一起走向回龙山下那个名叫郑仓的小地方。

抱着父亲，我还要送父亲走上那座没有名字的小山。

郑仓正南方向这座没有名字的小山，向来没有名字。

乡亲们说起来，对我是用"你爷爷睡的那山上"一语作为所指，意思是爷爷的归宿之所。对我堂弟，则是用"你父亲小时候睡通宵的那山上"，意思是说我那叔父尚小时夜里乘凉的地方。家乡之风情，无论是历史还是现实，无论是家事还是国事，无论是山水还是草木，无论是男女还是老幼，常常用一种固定的默契，取代那些似无必要的烦琐。譬如，父亲会问，你去那山上看过没有？莽莽山岳，叠叠峰峦，大大小小数不胜数，我们绝对不会弄错父亲所说的山是哪一座！譬如父亲会问，你最近回去过没有？人生繁复，来去曲折，有情怀而日夜思念的小住之所，有愁绪而挥之不去的长留之地，只比牛毛略少一二，我们也断断不会让情感流落到别处。

小山太小，不仅不能称为峰，甚至连称其为山也觉得太过分。那山之微不足道，甚至只能叫作小小山。像父亲给我取名那样，我在心里给这座小山取名为小秦岭。我将这山想象成季节中的春与秋。父亲的人生将在这座山上分成两个部分，一部分称为春，一部分叫作秋。称为春的这一部分有八十八年之久，叫作秋的这一部分，则是无边无际。就像故乡小路前头的田野，近处新苗苗壮，早前称作谷雨，稍后又叫芒种，实实在在有利于打理田间。又如，数日之前的立冬，还有几天之后的小雪，明明白白提醒要注意正在到来的隆冬。相较远方天地苍茫，再用纪年表述，已经毫无意义！

我不敢直接用春秋称呼这小山。

春秋意义太深远！

春秋场面太宏阔！

春秋用心太伟大！

春秋用于父亲，是一种奢华，是一种冒犯。

父亲太普通，也太平凡。在我抱起父亲前的几天，父亲还在挂念一件衣服，还在操心一点养老金，甚至还在埋怨那根离手边超过半尺的拐杖！父亲也不是没有丁点志向，在我抱起父亲前的几天，还要关心偶尔也会被某些人称为老人的长子，下一步还有什么目标。

于是我想，这小山，这小小山，一半是春，一半是秋，正好合为一个秦字，为什么不能叫作小秦岭呢？父亲和先于父亲回到这山上的亲友与乡亲，人人都是半部春秋！

那小小身影还在盘旋，不离不弃地跟随着风，或者是我们。

小路弯弯，穿过巴茅草，又是巴茅草。

小路长长，这头是巴茅草，另一头还是巴茅草。

巴茅草很长，叶片上的锯齿锋利依然。怀抱中的父亲很安静，亦步亦趋地由着我，没有丁点犹豫和畏葸。暖风中的巴茅草，见到久违的故人，免不了也来几样曼妙身姿，瑟瑟如塞上秋词。此时此刻，我不晓得巴茅草与父亲再次相逢的感觉。我只清楚，巴茅草用罕有的温顺，轻轻地抚过我的头发，我的脸颊，我的手臂、胸脯、腰肢和双腿，还有正在让我行走的小路。分明是母亲八十大寿那天，父亲拉着我的手，感觉上有些苍茫，有些温厚，更多的是不舍与留恋。

冬日初临，太阳正暖。

这时候，父亲本该在远离家乡的那颗太阳下面，眯着双眼小声地打着呼噜，晒晒自己。身边任何事情看上去与之毫无关系，然而，只要有熟悉的声音出现，父亲就会清醒过来，第一反应就是拉着人家，毫无障碍地聊起来。是我双膝跪拜，双手高举，从铺天盖地的阳光里抱起父亲，让父亲回到更加熟悉的太阳之下。我能感觉到家乡的太阳对父亲格外温柔，已经苍凉的父亲，在我的怀抱里慢慢地温暖起来。

小路还在我和父亲的脚下。

小路正在穿过父亲一直念叨的郑仓。

有与父亲一道割过巴茅草的人，叫着父亲的乳名。鞭炮声中，我感到父亲在怀里轻轻颤动了一下。父亲一定是回答了。像那呼唤者一样，也在说，回来好，回到郑仓一切就好了！像小路旁的巴茅草记得故人，二十二户人家的郑仓，只认亲人，而不认其他。恰逢家国浩劫，时值中年的父亲逃回家乡，巴茅草掩蔽下的郑仓，像巴茅草一样掩蔽起父亲。没有人为难父亲，也没有人敢来为难父亲。那时的父亲，一定也听别人说，同时自己也说，回到郑仓，一切就好了。

随心所欲的小路，随心所欲地穿过那些新居与旧宅。

我还在抱着父亲。正如那小小身影，还在空中飞扬。

不用抬头，我也记得，前面是一片竹林。无论是多年之前，还是多年之后，这竹林总是同一副模样。竹子不多也不少，不大也不小，不茂密也不稀疏。竹林是郑仓一带少有的没有生长巴茅草的地方，然而那些竹子却长得像巴茅草一样。

没有巴茅草的小路，再次落满因为收获而遗下的稻草。

父亲喜欢这样的小路。父亲还是在一年四季打赤脚的少年时，则更加喜欢，不是因为它宛如铺上柔软的地毯，而是因为这稻草的温软，或多或少地阻隔了地面上的冰雪寒霜。那时候的父亲，深受姑妈体恤。姑妈不管婆家有没有不满，年年冬季，都要给侄儿侄女各做一双布鞋。除此之外，父亲他们再无穿鞋的可能。1991年中秋节次日，父亲让我陪着他走遍黄州城内的主要商店，寻找价格最贵的皮鞋。父亲亲手拎着因为价格最贵而被认作是最好的皮鞋，去了他的表兄家，亲手将皮鞋敬上，以感谢他的姑妈——我的姑奶奶当年之恩情。

接连几场秋雨，将小路洗出冬季风骨。太阳晒一晒，小路上又有了些许别的季节风情。如果是当年，这样的季节，这样的天气，再有这样的稻草铺着，赤脚的父亲一定会冲着这小路欢天喜地。这样的时候，我一定要走得轻一些，走得慢一些。

北风微微一吹，竹林就散去，将一座小山散淡地放在小路前面。

用不着问小路，也用不着问父亲，这便是那小秦岭了。

有一阵，我看不见那小小身影了，还以为她不认识小秦岭，或者不肯去往小秦岭。不待我再多想些什么，那小小身影又出现了，那样子只可能是落在后面，与那些熟悉的竹梢小有缠绵。

父亲的小秦岭，乘过父亲童年的凉，晒过父亲童年的太阳，更盼过父亲童年对外出做工的爷爷的渴盼。小秦岭是父亲的小小高地。小男孩踮着脚或者拼命蹦跳，爬上那棵少有人愿意爬着玩的松树，除了父亲的父亲，我的爷爷，父亲还能盼望什么呢？远处的回龙山，更远处的大崎山，这些都不在父亲的期盼范围之内。

父亲更没有望见，在比大崎山更远的大别山深处那个名叫老鹳冲的村落。那时候的父亲身强体壮，父亲立下军令状，不让老鹳冲因全村人年年外出讨米要饭而继续著名。那里的小路更坚硬，也更复杂。父亲在远离郑仓，却与郑仓有几分相似的地方，同样留下一次著名的伫立。那是山洪暴发的时节，村边沙河再次溃口。就在所有人只顾慌张逃命时，有人发现父亲没有逃走。父亲不是英雄，没有跳入洪水中，用身体堵塞溃口。父亲不是榜样，没有振臂高呼，让谁谁谁跟着自己冲上去。父亲打着伞，纹丝不动地站在沙堤溃口，任凭沙堤在脚下崩塌。逃走的人纷纷返回时，父亲还是那样站着，什么话也没说，直到溃口被堵住。

我的站在沙河边的父亲！

我的站在小秦岭上的父亲！

一个在怀抱细微的梦想！

一个在怀抱质朴的理想！

春与秋累积的小秦岭！短暂与永恒相加的小秦岭！离我们只剩下几步之遥了，怀抱中的父亲似乎贴紧了些。我不得不将步履迈得比慢还要慢。我很清楚，只要走完剩下几步，父亲就会离开我的怀抱，成为一种梦幻，重新独自伫立在小秦岭上。

小路尽头的稻草很香，是那种浓得令人内心颤抖的酽香。如果它们堆在一起燃烧成一股青烟，就不仅仅为父亲所喜欢，同样会被我喜欢。那样的青烟缭绕，野火燎燎，正是我头一次与父亲一同行走在这条小路上的情景。

同样的父亲，同样的我，那一次，父亲在这小路上，用那双大脚流星追月一样畅快地行走，快乐得可以与任何一棵小树握握手，可以与任何一只小兽打招呼，更别说突然出现在小路拐弯处的久违的朋友。那一次，我完完全全是个多余的人。家乡对我的反应，几乎全是一个"啊"字。还分不清在这唯一的"啊"字后面，是画上句号，还是惊叹号？或许是省略号？那一次，是我唯一一次见到极具少年风采的父亲。

小秦岭！郑仓！张家寨！标云岗！上巴河！

在那稍纵即逝的少年回眸里，凡目光触及之所在，全属于父亲！父亲是那样贪婪！父亲是那样霸道！即使是整座田野上最难容下行人脚步的田埂，他也要试着走上一走，并且总有父亲渴望发现的发现，渴望获得的获得。

如果家乡是慈母，我当然相信，那一次的父亲，正是一个成年男子在为内心柔软所在寻找寄托。如果大地有怀抱，我更愿相信，那一次是父亲对能使自身投入的怀抱的寻找。

小路，只有小路，才是用来寻找的。

小路，只有小路，才是用来深爱的。

小路，只有小路，才是用来回家的。

八十八年的行走，再坚硬的山坡也会被踩成一条与后代同享的坦途。

一个坚强的男人，何时才会接受另一个坚强男人的拥抱？

一个父亲，何时才会没有任何主观意识地任凭另一个父亲将他抱在怀里？

无论如何，那一次，我都不可能有抱起父亲的念头。无论父亲做什么和不做什么，也无论父亲说什么和不说什么，更遑论父亲想什么和不想什么。现在，无论如何，我也同样不可能有放弃父亲的念头。无论父亲有多重有多轻，也无论父亲有多冷有多热，更别说父亲有多少恩有多少情。

在我的字典里，曾经多么喜欢大路朝天这个词。

在我的话语中，也曾如此欣赏小路总有尽头的说法。

此时此刻，我才发现大路朝天也好，小路总有尽头也罢，都在自己的真情实感范围之外。

一条青蛇钻进夏天的草丛，一只狐狸藏身秋天的谷堆，一枚枯叶卷进冬天的寒风，一片雪花化入春天的泥土。无须提醒，父亲肯定明白，小路像青蛇、狐狸、枯叶和雪花那样，在我的脚下消失了。

小路起于平淡无奇，又终于平淡无奇。

没有路的小秦岭，本来就不需要路。父亲一定是这样想的，春天里采过鲜花，夏天里数过星星，秋天里摘过野果，冬天里烧过野火，这样的去处，无论什么路，都是画蛇添足般的败笔。

山坡上，一堆新土正散发着千万年深蕴而生发的大地芬芳。父亲没有挣扎，也没有不挣扎。不知何处迸发出来的力量，将父亲从我的怀抱里带走。或许根本与力学无关。无人推波助澜的水，也会在小溪中流淌；无人呼风唤雨的云，也会在天边散漫。父亲的离散是逻辑中的逻辑，也是自然中的自然。说道理没有用，不说道理也没有用。

龙回大海，凤凰还巢，叶落归根，宝剑入鞘。

父亲不是云，却像流云一样飘然而去。

父亲不是风，却像东风一样独赴天涯。

我的怀抱里空了，却很宽阔。因为这是父亲第一次躺过的怀抱。

　　我的怀抱里轻了，却很沉重。因为这是父亲最后一次躺过的怀抱。

　　趁着尚且能够寻觅的痕迹，我匍匐在那堆新土之上，一膝一膝，一肘一肘，从一端跪行到另一端。一支倒插的镐把从地下慢慢地拔起来，三尺长的镐把下面，留着一道通达蓝天与大地的洞径，有小股青烟缓缓升起。我拿一些吃食，轻轻地放入其中。我终于有机会亲手给父亲喂食了。我也终于有机会最后一次亲手给父亲喂食。有黄土涌过来，将那嘴巴一样、眼睛一样、鼻孔一样、耳郭一样、肚脐一样、心窝一样的洞径填满了。填得与漫不经心地铺陈在周边的黄土一模一样。如果这也是路，那她就是联系父亲与他的子孙们的最后一程。

　　这路一断，父亲再也回不到我们身边。

　　这路一断，小秦岭就化成了我们的父亲。

　　天地有无声响，我不在乎，因为父亲已不在乎。

　　人间有无伤悲，我不在乎，因为父亲已不在乎。

　　我只在乎，父亲轻轻离去的那一刻，自己有没有放肆、有没有轻浮、有没有无情、有没有乱了方寸。

　　此时此刻，我再次看见那小小身影了。她离我那么近，用眼角都能看得清清楚楚。她是从眼前那棵大松树上飘下来的，在与松果分离的那一瞬间，她变成一粒小小的种子，凭着风飘洒而下，像我的情思那样，轻轻化入黄土之中。她要去寻找什么只有她自己清楚。我只晓得，当她再次出现，一定是苍苍翠翠的茂盛新生！

奔跑的母亲

姜致远

黑马！又见黑马！

当她第一个冲过终点线时，整个赛场沸腾了。不可思议，在高手如云的国际马拉松比赛中，冠军竟然是个训练仅一年的业余选手！

27岁的切默季尔，肯尼亚的一名农妇，因此一举成名。

切默季尔的全家都住在山区，她的丈夫是个老实巴交的庄稼汉，除了种地一无所长。一年前，切默季尔还一筹莫展，为无法给4个孩子供给学费暗自伤心。丈夫抽着闷烟安慰她："谁叫孩子生在咱穷人家，认命吧！"

如果孩子们不上学，只能继续穷人的命运！难道只能认命？她不甘心。

当地盛行长跑运动，名将辈出，若是取得好名次，会有不菲的奖金。她还是少女时，曾被教练相中，但因种种原因未果。此刻，她脑中灵光一闪：不如去练习马拉松！

马拉松是一项极限运动，坚强的意志和优良的身体素质缺一不可。她已近27岁，没有足够的营养供给，从未受过专业基础训练，凭什么取胜？冷静之后，她也胆怯过，可是除此之外别无他途。如果连做梦的勇气都没有，那永无改变的可能。丈夫最后也同意了她大胆的"创意"。第二天凌晨，天还黑着，她就跑上崎岖的山路。只跑了几百米，她的双腿就像灌了铅一般。停下喘口气，接着再跑。与其说是用腿在跑，不如说是用意志在跑。跑了几天，脚上就磨出无数的血泡。她也想打退堂鼓，可回家一看到嚷着要读书的孩子，她又为自己的懦弱感到羞愧。不能退缩！她清醒地知道，这是唯一的希望！

训练强度逐渐增加，但她的营养远远跟不上。有一天，日上竿头，她仍然没有回家，丈夫担心她出事，赶紧出门寻找，终于在山路上发现了昏倒在地的妻子。他把妻子背回家里，孩子们全部围了上来，大儿子哭着说："妈妈，不要再跑了，我不上学了！"她握着儿子的小手，泪水像断线的珠子涌出，一言不发。次日一早，她又独自一人，奔跑在寂静的山路上。

经过近一年的艰苦训练，切默季尔第一次参加国内马拉松比赛，获得了第七名的好成绩，开始崭露头角。有位教练被她的执着深深感动，自愿给她指导，她的成绩更加突飞猛进。

终于，切默季尔迎来了国际马拉松比赛。为了筹集路费，丈夫把家里仅有的牲口都卖了，这可是家里的全部财产……发令枪响后，切默季尔一马当先跑在队伍前列，这是异常危险的举动，时间一长可能会体力不支，甚至无法完成比赛。但为了孩子，为了家庭，她豁出去了。

或许上帝也被切默季尔的真诚所感动。她一路跑来，如有神助，2小时39分零9秒之后，她第一个跨过终点线。那一刻，她忘了向观众致敬，趴在赛道上泪流满面，疯狂地亲吻着大地。

突然冒出的黑马，让解说员不知所措，手忙脚乱，忙活了好半天才找齐她的资料。

颁奖仪式上，有体育记者问她："您是个业余选手，而且年龄处于绝对劣势，我们都想知道，究竟是什么力量让您战胜众多职业高手，夺得冠军？"

"因为我非常渴望那7000英镑的冠军奖金！"此言一出，场下一片哗然。

　　她的话太不合时宜，有悖体育精神。切默季尔抹去泪水，哽咽着继续说："有了这笔奖金，我的 4 个孩子就有钱上学了……"喧闹的运动场忽然寂静，人们这才明白，原来，孩子才是她奔跑的力量。瞬间，场下响起雷鸣般的掌声，那是人们对冠军最衷心的祝贺，也是对母亲最诚挚的祝福。

　　切默季尔成了肯尼亚的偶像，有人说她是长跑天才，有人说这是贫困造就的冠军，还有人说无需理由，这就是一个奇迹。是的，又一个体育奇迹：不过缔造者并非职业运动员，而是——母亲！

永远不说你是做不到的

Kathy Lamancusa

王欣　编译

　　我的儿子乔伊出生的时候，他的脚是向上扭曲的，看起来就是脚掌在上的样子。第一次做母亲，我想这应该不是正常的，但我并不真正地理解这意味着什么。也许，这就是说乔伊是一个天生特厚畸形足的孩子。医生向我们保证说，只要经过合适的治疗，他肯定能够正常地走路，但很可能永远跑不快。

　　在他生命中的最初 3 年，乔伊一直在手术、各种金属模型和绷带中度过。他的双腿经历着按摩、运动、练习等一系列过程，然后，是的，在他七八岁的时候，如果你看见他走路的话，你甚至不知道他是有残疾的。如果他走了很长的路，比如说在娱乐公园里玩或者从家走到动物园那么远，他就会抱怨说他的腿很累很累，像受伤了一样。我们往往会停下来，买一点苏打水或一个甜筒冰激凌，谈谈我们刚刚都看见了什么以及我们将要看到些什么。我们没有告诉他为什么他的腿感到劳累，为什么它们那么虚弱。我们没有告诉他这本来是他天生就有的缺陷。我们没有告诉他，所以他不知道。

　　在孩子们一起玩耍的时候，邻居家的孩子总会四处奔跑，就像大多数孩子会做的那样。乔伊会看着他们玩，当然，也会跳起来、奔跑和玩耍。我们从来没告诉他，他很可能永远不能像别的孩子跑得那样快。我们没有告诉他："你是不一样的。"我们没有告诉他，所以他不知道。

七年级那年，他决定参加环城赛跑小组。每天他都跟着那支队伍一起训练。他看起来比队里的其他成员练习得更努力，跑得也更多。很可能他已经感觉到，有些看起来很自然地就被其他人拥有的能力，并没有被他所拥有。我们没有告诉他，尽管他能够跑步，他很可能永远都只能在队伍的最后。我们没有告诉他，他本来就不应该去试图参加这样一个队伍。这个队伍的成员都是学校里跑前7名的选手。即使是整个队伍都去跑了，也只是那7个人才可能有潜力为学校挣得分数。我们没有告诉他，他很可能永不能正式加入那支队伍，所以他不知道。他继续一天跑四五英里，每天都是。我永不会忘记他高烧的那天，他不能留在家里休息，因为他还要参加环城赛跑的训练。我整天都在为他担心。我一直在等着学校里打来电话，让我前去把他接回家来。没有人打过来。

放学后我去了环城赛跑的练习场，因为我想如果我在那里，他或许会考虑逃过那天晚上的练习。当我到达学校的时候，他正在沿着一条长长的林荫大道跑步，一个人。我把车开到他的跟前，车速很慢，好和他奔跑的步伐保持一致。我问他感觉如何。他说他很好，他只剩下两英里了。当汗水从他脸上淌下来的时候，他的眼睛因为发高烧，看起来就像玻璃一样，但他仍旧坚持看着前方，继续奔跑。我们从来没告诉过他，他不能在高烧的状态下连续奔跑4英里。我们从来没告诉他，所以他不知道。

两个星期以后，这个赛季倒数第三场比赛的前一天，宣布了参加正式比赛的成员名单，乔伊列在了名单上的第6位。乔伊成功地加入了这支队伍。他那时候上七年级，队伍里其他6个成员全部都上八年级。我们从来没告诉他，他本来不应该指望加入这样一支队伍。我们从来没告诉他，他做不到这一点。我们从来没告诉他，他也不可能……所以他不知道。于是，他去做了。

因为爸妈只有你

杨熹文

我人生中唯一一次觉得不该坚持梦想的时刻，是在出国后的第三年——我第一次回家小住的时候，因为有事要去朋友所在的城市，我才在家停留了几天便没心没肺地拿着行李上路了。那天早晨，我送妈到公司班车车站，再转身去找自己的公交站，到马路对面的时候，我下意识地转头看，看见站在马路另一头的妈妈，整个人呆呆地望着我的方向。这个年近五十的女人，肩膀耸动，鼻尖通红，眼泪像断线的珠子，流满了整张脸。她看着即将离开的女儿，竟伤心地哭成了孩子。

这是我离家三年后第一次回家，作为爸妈唯一的孩子，这是多么自私的行为，可我总是能为不回家找出若干冠冕堂皇的理由："学校假期好短啊，我有很多功课要做的！""我现在打工的地方很好，不想因为回国就辞掉！""回国几周这边的房租还要照交，多不划算啊！"

爸妈口中那个"在银行上班、和爸妈住在一起、快要结婚了、未婚夫是个老实人"的小红或是小丽，我没一丁点儿兴趣去打听。我是个江湖青年，满脑子都是闯荡四方的豪情壮志，我向往瑞士的雪山和伦敦的建筑，憧憬埃菲尔铁塔和撒哈拉沙漠，我甚至在墙上的地图上标出南极的方位，相信自己总有一天会到达……爸妈有时期盼地问："孩子，什么时候回家呀？"我便心虚地回答："就快了，就快了。"我就这样敷衍了他们三年，我的爸妈也为此等待了三年。

我不在的日子里，微信就是我和爸妈之间的纽带，我和爸妈的交流，全隔着小小的手机屏幕。这一端，我在早晨起床时，看见妈为我精心布置的房间；在课间休息时，看到爸为阳台的盆景做了个小鸟巢；晚上去打工的路上，收到花园里枸杞结果的照片；又在无数个入梦前的深夜，收到爸妈隔着时差的"晚安"。我从未错过他们生活的任何一个细节。可是爸妈的另一端，却没有这样频繁响起的提示音，我说："妈，我和同学吃饭呢，一会再说！""爸，我累了，改天聊。"于是他们只能从我的只言片语里，尽力地拼凑我生活的全貌。

我童年时就曾发誓，长大后一定要远走他乡，因为爸妈从未停止过争吵。我成年之后，爸妈的性格随年龄增长变得温厚，妈不再歇斯底里地指责爸，而爸也不再喝到不省人事。但是在大学毕业后住在家中的那段时间里，我又感觉到了亲情的束缚：我晚归不得超过七点钟，不然爸妈就会疯狂地打我的手机；我不能十一点以后睡觉，妈会一遍遍敲响我房门，叮嘱我"快睡吧，孩子"；我也不能略过任何一餐，爸会受挫似的自言自语："这不是我姑娘最喜欢吃的一道菜吗？怎么连筷子都不动一下。"

一位作家说："尽管我和我的妈妈很亲，但母爱有的时候真是暴力，因为她不知道这个爱对一个青少年来说是多大的负担。"这是在那段时间内，我对爸妈的看法：爱意过浓，束缚太多，接近"暴力"。

所以当我远行时，我就像一只挣脱了牢笼的鸟，迅速地飞向广阔的天空，以至于常常忽略了爸妈发来的近况。我记不起妈去广场跳舞，后来因为老师要统一着装，她就不去了，甘愿在家打扫我的房间；我也忘记了爸推掉了酒局，只愿意在家侍弄花园，或者一遍遍看我的艺术照。爸妈的生活无聊而空洞，我不在家这一事实让他们失去了生活的目标。曾经每日为我准备三餐，看我吃到肚皮圆胀的日子，在阳台上目送我上学去的背影一点点缩小的日子，每个学期末在火车站等待我乘坐的列车到达的日子……岁月将它们统统剥夺了去。

爸爸朋友的孩子和我一同在新西兰生活，回国的时候去我家做客。她后来跟我说："你妈妈握着我的手，反复摩挲着，什么都没说，眼泪就流下来了。"过年时，我的亲戚发来消息："大家吃着饭、喝着酒，突然有人说起了你，你爸捂着脸就哭了起来。"那时候，我心里那个远行的孩子才肯真正停下来，迫不及待地向家的方向奔跑，眼泪飞溅。

直到我回家后，才一点点意识到爸妈经历的煎熬。除去那个我妈哭到让我想放弃梦想的时刻，还有爸每天都变着花样准备的晚餐，妈失眠了几年的老毛病突然间不治而愈，爱聚会的爸总是翘了班回家，甚至有一天我和妈走在路上，一向节俭到极致的她竟然肯在路边乞丐的碗里放上几块钱。她一路哼着歌，我的心里却只听见酸楚。

我第一次体会到独生子女父母的孤独，是在国外打工的时候。那里有一些游戏机，有些中国老年人因语言不通，无处可去，就经常来这里消磨时间——拿几枚硬币玩大半天。我有时和他们聊天，他们讲得最多的就是儿女。

一位伯伯说，他二十几年前和老伴来新西兰定居，在这里生育了一个女儿，那时夫妻俩辛苦经营着一家中餐馆，无暇照顾孩子，结果长大后的女儿完全融入了西方文化，不会说一句中文。老伯有一次拿了一些英文资料，不好意思地问我，可不可以教他一些简单的词语。后来又拿出一张画满符号的纸，他说自己想买个平板电脑跟上女儿的时代，这些符号全部照抄女儿的平板电脑页面，希望我能告诉他这些奇奇怪怪的字符都代表什么。

我尽力回答老伯提出的每一个问题，小心翼翼地用最直白的语言解释。因为我看到老伯，就想起了我的爸妈，我希望他们在遇到不懂的问题时，身边也有一个愿意帮助他们的人，而我更希望，当这样的事情发生时，我就在他们的身边。

我和朋友讨论过独生子女的问题，他说："集万千宠爱于一身，也集万千孤独于一身。"我点头同意，却不禁想起，我们的父母才是最孤独也最缺乏安全感的人。

几年前我决定出国，和朋友吃了告别餐，他很不理解地问我："你一个女孩子，怎么想跑得那么远？对我来说，和家人在一起才是最重要的！"那时，我心里装着整个世界，对这样的声音完全不屑，抓起桌上的饮料喝了一大口。后来远行，经历了身边朋友为了家庭而中断学业，也听见越来越多的声音在问我："我也想和你一样远行，可是舍不得爸妈，该怎么选择？"家人或是梦想，这似乎是摆在年轻人面前最艰难的选择题。我一直不是个合格的女儿，缺席了爸妈生命中很多重要的时刻，没资格给想要远行的年轻人提供什么建议。但是如果你像我一样向往自由，一定要去世界的什么地方看一看，那请不要让这次远行成为逃离。世界上还有一种远行，离开是为了更好地回归——你可以远行，但要保证身体健康，每周打一次电话，教会爸妈使用微信，有事没事把生活照发给他们，少抱怨，别报忧，告诉他们，你把自己照顾得挺好的，而事实上也确实如此。你虽然还是默默无闻的小人物，却正走在通往成功的路上，每一分努力都慢慢换来了收获。你常常希望每一天有一百个小时，因为生活总是忙碌不停，可是爸妈需要你的时候，再忙你都会出现在他们的身边。

我前往新西兰的时候，爸妈到机场送我，在我走进安检前的最后一刻，回过头和爸妈挥手告别。我从爸妈那忍住泪水的目光中读到了一份不舍，但似乎又看见了另一层含义：孩子你好好奋斗，早日实现梦想，到时候再安心回家，我们会一直在这里等着你。

我的父母是中国父母中最普通的代表，他们把最好的人生给了我，再用剩下的人生来守候我。我至今还在为梦想一刻不停地奋斗着，希望早一天带爸妈去外面的世界看一看，也希望有足够的物质条件去满足爸妈年轻时因为我而放弃的梦想。我想告诉所有正犹豫着或者已经在路上的年轻人，如果选择远行，请风雨兼程，好好奋斗吧。可无论何时，都请记得一直在等待你回家的爸妈，因为二十岁的你拥有整个世界，而他们除了你，什么都没有。

温暖的羊皮手套

詹谷丰

　　这年冬天奇寒，零下十七八摄氏度的低温冻裂了户外的自来水管，也冻裂了米蓝那只唯一的左手。

　　"去买双手套吧。"看着女儿那只红肿皲裂的手，母亲心疼地说。

　　米蓝不做声，泪水慢慢凝聚，簌簌滚落下来。

　　母亲知道触到了女儿心中的伤口，不再言语。截肢以后，只要有人提到手或与手有关的话题，情感细腻的米蓝都会触景生情，暗自垂泪。半年多了，米蓝还未从失去右手的悲伤中复原，她几次想到过轻生。

　　看着女儿用左手艰难笨拙地握笔的样子，母亲的心就一阵一阵地痛。她想，如果可以，她情愿把自己的手给女儿，让女儿回到从前活泼灿烂的样子。

　　米蓝的父亲一年前死于癌症，母亲又刚刚下岗，一家人的日子过得很是艰难。

　　母亲想了许多办法，小心翼翼地绕了好多个弯，终于说服米蓝跟自己上街去买手套。母亲说，乐怡路上新开了一家商店，她看中一双非常漂亮的白色小羊皮手套。

　　米蓝系上围巾，披上一件宽体长袖的红色风衣，犹豫着出了门。母亲将女儿右边空荡荡的衣袖塞到衣袋里，细心地掖好，肥大的冬衣掩盖了米蓝残缺的身体。

跟着母亲走进商店，米蓝一眼就看见了摆在玻璃柜里的那双精致漂亮的小羊皮手套，各式各样的手套当中，那双手套鹤立鸡群般地显示出它的档次和特色。

一百元，坐在柜台后面的老板说。老板是个女人，和母亲差不多年纪。她语气和蔼，脸上堆满了职业的微笑。

母亲把手套翻来覆去检查了一阵，然后把其中的一只戴到米蓝手上，不大不小，非常合适。米蓝感到一种温暖和舒服顺着手指慢慢地传到心里。

五十元？能不能少点？不善于讨价还价的母亲摆弄着另一只手套，望着女老板说。一百元，少一分不卖！女老板以不容商量的口气说，这种手套款式新颖，全城就我一家有货。几十双手套一个星期就卖完了，这是最后一双呢！

"我……我……我只要一只……"母亲倚着柜台，吞吞吐吐地说，声音小得只有女老板和她自己才能听见。

一只手套？女老板疑惑地看着米蓝母亲。手套有拆开买的吗？

我，我没带这么多钱……米蓝母亲回头看了女儿一眼，把声音压得更小，她的脸红了。

你可以挑别的手套，女老板依然满脸笑容地说，那边有帆布手套、棉纱手套、绒线手套，很便宜的。

"我女儿喜欢这种，她的手……买一双浪费……"

母亲的话还没说完，米蓝就很不耐烦地叫起来："我们走吧，妈，我不要手套了！"米蓝把那只套着手套的左手伸过来，伸到母亲面前。剩下一只手的米蓝脱不了手上的手套。

这个时候，女老板好看的眼睛突然亮了一下，她的目光落在米蓝那只空袖子上面。

米蓝跟着母亲走出商店门的那一刻，女老板突然叫了一声，"哎，请等一下。"女老板望着米蓝母亲绯红的脸。"我想起来了，仓库里好像还有一副这种手套，叫老鼠咬坏了一只，我去找一找，你们下午来看看，好吗？"

女老板满脸真诚，她依然坐着，柜台后，只有她一个人。米蓝母亲点了点头，牵着女儿的手，走了。

纷纷扬扬的雪花终于在下午停了。当米蓝母女俩走进商店的时候，女老板一眼就认出了她们。"你们来了！"女老板热情地招呼。

女老板以一种永久不变的姿势坐在柜台内。米蓝和她母亲不明白，女老板为什么要以坐姿接待顾客？

不待米蓝母亲回答，女老板就热情地说开了："上午那双手套叫人买走了，不过仓库里真的还有一双，该死的老鼠，在上面咬了一个洞。"米蓝的母亲拿过那双手套，把左手的那只戴在女儿手上，再拿起右手的那只，果然看见掌心里有一道划痕。

这不像老鼠咬的，米蓝母亲心里闪过一丝疑惑。仔细再看，竟是上午看过的那只，米蓝母亲扯着手套里面那个残留的线头，她拨弄着那道剪刀留下的痕迹，她肯定这就是上午看过的那双手套。

"这手套叫老鼠咬坏了，不好卖了，我收你一半一半的价钱得了。"

米蓝母亲在贴身衣袋里，窸窸窣窣地摸了一阵，将散发着暖暖体温的两张二十元面额的人民币递给女老板。

"我不方便找零，就收你二十元吧。"女老板边说边将一张二十元的纸币递还给米蓝母亲。

米蓝母亲犹豫了一下，接过了那张纸币。"多谢您，多谢您了！"米蓝母亲说。

　　"不客气，"女老板说。"这只老鼠咬坏的手套，已经是废物了。丢掉可惜，您带回去成个双吧！"

　　"阿姨，一只手套我已经够了，多余的，我也用不着……"米蓝贴近柜台，侧过身子，向女老板展示右边那只空空荡荡的衣袖。

　　"那，我留着吧。"女老板说完，慢慢地站起来。米蓝母女俩一下就呆了，她们看见，女老板的腋下，撑着一双拐杖。

　　"阿姨，您？"米蓝惊叫起来。隔着柜台，米蓝和她的母亲看见，女老板右腿独立，支撑起身体，她左腿空空的，裤腿微微地晃动。

饭桌上的教育经

叶永和　口述

　　爷爷叶圣陶到北京任教育部副部长的第三年，我出生了。因为他太忙，我们相处的时间并不多，更不用说他对我有什么"耳提面命"的教育了。倒是小院里的那张八仙桌，像个临时课堂，给我留下了很多琐碎的记忆。

　　在八条胡同里，一大家子人每天都要围着八仙桌吃晚饭。首先，入席就是要讲规矩的。爷爷和奶奶先坐，小辈再依次坐下。后来孙辈越来越多，几个年纪小的就只能轮流上桌。

　　爷爷在八仙桌上教我识字。印象最深的是在冬天，北京烧炉子，屋内暖和些。爷爷一回家就换上棉袍，在八仙桌前坐定，掏出几张识字卡片——他将用过的台历裁成方纸，用红色的毛笔写上字，教我认。

　　爷爷建议，在饭堂的电话旁放一块小黑板，让我在接到电话后，用粉笔记录通话内容给其他人看。爷爷时刻关注着黑板上的各种小字，每遇"佳作"，就会在饭桌上表扬一句。爷爷的意思是，让我们在生活细节中，锻炼听说读写的能力。

　　当然，爷爷也有严厉的时候。有一次，我急匆匆地扒拉了两口饭，放下碗筷蹦跶着离开，不小心"咣"的一声摔了门。爷爷"噌"地起了身，厉声叫住我，"重新关一次门"。结果他越严厉，我就跑得越快，躲进北屋，不肯出来。

爷爷吃完饭，去北屋，揪着我的耳朵，一字一句地要求我，"把门再关一次"。我只能老老实实，轻手轻脚地，又关了一次门。这件事情，我记忆犹新。

这些零零碎碎的生活日常，就是爷爷的教育。他总在细枝末节的地方严厉苛刻，跟我们较劲儿，却从不列什么书单，也不过问我们的成绩。

爷爷说过："'教育'这个词，往精深了说，一些专家可以写成著作；可是粗浅地说，'养成好习惯'一句话也就说明了含义。"

他的宠爱很讲原则

爷爷很少责骂我们，那次被他揪耳朵，是我这一生中唯一的"体罚"经历。但他有股劲儿，总让我有点儿怕。在爷爷面前，我都是毕恭毕敬的。其实爷爷也有宠孩子的一面。

爷爷喜欢看电影。20世纪30年代，物资相对匮乏，他就经常带孩子们去"奢侈"一把，去电影院看电影。父亲曾回忆，那时的电影院里都有托着盘子的服务生，专卖西式糖果和冷饮。每场电影放到一大半，银幕上会闪过"休息五分钟"的字样，爷爷就大方地拿出"贰角"的银圆，买来纸杯冰激凌，每个人都有份儿。

姑姑至美是爷爷奶奶唯一的女儿，爷爷对她疼爱有加，有一次竟然想着要亲自给她做身衣裳。他颇有兴致地叫来至美姑姑，在她身上比画一番，又拿报纸折出样子，用别针固定住。被一身报纸裹住，姑姑浑身不自在，结果一抬手，报纸全破了。爷爷说："重来！"折腾了好几次，他终于勉强裁出一件不太合身的大衣。爷爷看着自己做的大衣，"沮丧得不得了"。

叔叔至诚挨的打最多。他是家里的"人来疯"，来客越多，就越闹腾。奶奶为了安抚他，准备了一些水果罐头，哄他去厨房吃。爷爷却对他该打就打。这一点，我父亲印象特别深——叔叔每次挨打，身为长子的父亲都要在一旁看着，这叫"陪打"。

但其实爷爷在用另一种方式宠着这个小儿子。至诚叔叔读高中时在作文里发牢骚，语文老师、数学老师各有各的要求，一天满满当当，根本记不住……好像学习就是为了应付老师。书不想念了，要退学！爷爷看了作文，居然不急不气，说："不念就不念了吧。"于是，他给至诚叔叔办了退学手续，还将这篇作文刊发在《中学生》杂志（叶圣陶主编）上。高中肄业的叔叔，被爷爷送到上海开明书店做杂工，驻守库房，整理杂书。结果，叔叔将库房里的书看了个遍，后来自己也写出不少好作品。

经此一事，辍学便成了我家"没什么大不了的事情"，延续到我们孙辈。我大哥三午五岁半时，被送进一家小学的幼儿班，回家后常常又哭又闹，想来是受了严师的责备。有一回，这位严师在他的成绩单上批了八个大字："品学俱劣，屡教不改。"爷爷看完，回敬了八个大字："不能同意，尚宜善导。"并让接送三午的阿姨捎了回去。这位严师看完问她："他们一家是不是都有神经病？"

后来我们都明白了爷爷的苦心，他绝不是一味地惯着孩子胡闹，作为一名教育家，他由衷地认为不是只有念书才称得上"教育"。

生活本来就是艺术

爷爷还是个观察家，能把植物写得有滋有味。清新淡雅的小短文，从种子发芽，一直写到花朵盛开。被收录进小学语文课本的就有《爬山虎的脚》："那些叶子绿得那么新鲜，看着非常舒服。叶尖一顺儿朝下，在墙上铺得那么均匀，没有重叠起来的，也不留一点儿空隙。"

在我的记忆里，爷爷一直爱摆弄花花草草。我自小住的院子，从初春到深秋，就从未断过花。退休后，爷爷还和老友俞平伯、植物学家贾祖璋比赛，互相寄牵牛花的花种，各自种下，看谁的花开得最好。而这些花开花落的过程，都被他写到了文章里。

爷爷评价文章好坏的方法与众不同。他认为的好，从来不是指辞藻华丽和技巧高超，而是用词准确、句子通顺、简单明了。他一直提倡，"你想到什么就写什么"。"生活是创作的源头，谁的生活充实，谁就是诗人，至于写不写得出来，就看他本人的兴致了。"

在这样的环境中长大，我们家的小辈大多子承父业，成了编辑，只有我走了"另一条路"，当了工人——爷爷其实一直希望我们能做实打实的工作，生产一两样实实在在的东西。不过，随着年岁增长，我现在也越来越能领会到爷爷说的"生活本来就是诗，就是艺术"——先观察，然后有感悟，最后才是表达。

有生活情趣的老头儿

在我的印象里，除了早饭，爷爷顿顿喝酒。他其实是借着喝酒和我们聊天。聊天南海北、天文地理、时事新闻，跟我们打听周围的新鲜事。一顿晚饭总要吃上一两个小时。

爷爷晚年时，身体出了点小毛病，他说："喝了80多年，如今要算总账了。"1984年，爷爷胆囊不好，住院做了手术。爷爷出院回家后，十分自觉地把酒戒了。

酒不喝了，老友相继离世。一时间，爷爷的生活变得单调：视力衰退，看书、写信都不行了；听力也越来越下降，他听着广播里的播音员好像得了伤风，齆着鼻子讲话。爷爷说，自己通向外界的两个窗口，渐渐地关上了。

在他去世的前一年，冰心来我家。那天中午，爷爷午睡醒来，走出卧室一看，玻璃杯擦得锃亮，整整齐齐地摆在茶几上。父亲告诉他，冰心要来赏花。这让他喜出望外。那年春天，海棠花旁，两个老人手握着手，头凑在一起聊着天。

第二年春天时，爷爷走了。后来每当海棠花开，我们都怀念他。

叁

以梦为马，
不负韶华

只需努力，无问西东

李　玥

王子安永远忘不了那个下午，学校的老师用很平静的语调，向这群有视力障碍的少年宣告："好好学习盲人按摩，这是你们今后唯一的出路。"

"怎么可能？！"

这个双目失明的男孩觉得自己突然"被推进无底的深渊"。

在盲人学校的楼道里来回走了许多圈后，10岁的他决定和命运打个赌，用音乐为自己找条出路。

2017年12月，凭着出色的中提琴演奏，18岁的王子安收到了伯明翰音乐学院的录取通知书。他将于2018年9月前往这所世界知名的音乐学府。眼下，他正在加紧学习英语。

再把时间拉回到王子安10岁的那一天，从学校回家后，这个男孩"惊诧又愤怒"地向父亲描述在学校的经历。

"你拥有选择的权力，没有什么是你做不到的。"父亲表情严肃，提高了声调。

王子安4岁时，父亲就说过同样的话。那时，只有微弱光感的王子安拥有一辆四轮自行车。父亲握住他的手，带他认识自行车的龙头、座椅、踏板。

王子安最喜欢从陡坡上飞驰而下，他甚至尝试过骑两轮车，但有一次栽进了半米深的池塘。

从 5 岁开始，用双手弹奏钢琴，是他最幸福的事。88 个黑白键刻进了他的脑子里，他随时想象着自己在弹琴。遇到"难啃"的曲子，老师就抓住他的小手在琴键上反复敲击。指尖磨破了皮，往外渗血，他痛得想哭。

"看不见怎么了？我的人生一样充满可能。"王子安用手摩挲着黑白琴键，使出全部力气按下一组和弦。

他有一双白净、瘦长的手，握起来很有力量。他从不抗拒学习按摩，只是他讨厌耳边不断重复的声音："按摩是盲人唯一的出路。"

在父母为他营造的氛围里，王子安觉得自己是个再正常不过的小孩。他和别的小朋友打架，也和他们一样坐地铁、看电影、逛公园。即使被别人骂"瞎子"、被推倒在地，他也只是拍拍身上的土，心里想"瞎子可是很厉害的"。

2012 年，王子安尝试参加音乐院校的考试，榜上无名。不过，他的考场表现吸引了中提琴主考官侯东蕾老师的注意。

"音乐对你来说意味着什么？"面试时，侯东蕾问王子安。

"生命！"

这个考生高高扬起头，不假思索，给出了最与众不同的回答。

半年后，侯东蕾辗转联系到王子安的父亲，说自己一直在寻找这个有灵气的孩子，希望做他的音乐老师。

这位老师忘不了王子安双手落在黑白琴键上，闭着眼睛让音符流淌的场景，这是爱乐之人才有的模样。

听从侯东蕾老师的建议，王子安改学中提琴。弦乐难在音准，盲人敏锐的听觉反而是优势。

老师告诉他的弟子，音乐面前，人人平等，只需要用你的手去表达你的心。

但这个 13 岁才第一次拿起中提琴的孩子，仅仅是站立，都会前后摇晃，无法保持身体平衡——当一个人闭上眼睛，空间感会消失，身体的平衡感会减弱。为了练习架琴的姿势，王子安常常左手举着琴，抵在肩膀上好几个小时，"骨头都要压断了"。

最开始，他连弓都拉不直。侯东蕾就花费两三倍的时间，握住他的手，带他一遍遍游走在琴弦上。

许多节课，老师大汗淋漓，王子安抹着眼泪。侯东蕾撂下一句："吃不了这份苦，就别走这条路。"

母亲把棉签一根根竖着黏在弦上，排成一条宽约 3 厘米的"通道"。一旦碰到"通道"两边的棉签，王子安就知道自己没有拉成一条直线。3 个月后，他终于把弓拉直了。而视力正常的学生，通常 1 个月就能做到。

但他进步神速。6 个月时间，他就从中提琴的一级跳到了九级。

学习中提琴之后，他换过 4 把琴，拉断过几十根弦。他调动强大的记忆力背谱子，一首长约十几分钟的曲子，他通常两三天就能拿下。每次上课，他都全程录音，不管吃饭还是睡前，他总是一遍一遍地听。好几次他拉着琴睡着了，差点儿摔倒。

奋斗的激情，来自王子安的阳光心态。这个眼前总是一片漆黑的年轻人，从不强调"我看不见"。他自如地使用"看"这个字，"用手摸，用鼻子闻，用耳朵听，都是我'看'的方式"。

他也不信别人说的"你只能看到黑色"，他对色彩有自己的理解：红色是刺眼的光；蓝色是大海，是水穿过手指的冰凉；绿色是树叶，密密的，有甘蔗汁的清甜味。

他学会了自己坐公交车从盲人学校回家，通过沿途的味道，判断车开到了哪里——飘着香料味的是米粉店，混着大葱和肉香的是包子铺，水果市场依照时令充满不同的果香。

在车上，他循着声音就能找到空座位。他熟悉车子的每一个转弯，不用听报站，就能准确判断下车时间。

"人尽其才，有那么难吗？"

在"看"电影时，他安慰自己"只需努力，无问西东"。同时，他忍不住想象自己遇见梅贻琦校长，然后被他录取。

在第三次报考音乐院校失败后，母亲发现平日里看上去没心没肺的儿子，会找个角落悄悄地哭。

有人劝这家人放弃："与其把钱打水漂，还不如留着给王子安养老。"

也有人建议王子安乖乖学习盲人按摩，毕竟盲人学校的就业率是100%。

在广州市第二少年宫，王子安得到很多安慰。当报考音乐院校失败时，这里的同学们会握住王子安的手，拍拍他的肩，或者什么话也不说，只是静静地陪他练琴。

广州市第二少年宫有一个由普通孩子和特殊孩子组成的融合艺术团，97人中70%是特殊孩子。这是一种在发达国家较为成熟的教育理念，让智力障碍、视力障碍、肢体障碍等有特殊需要的孩子与普通孩子在同一课堂学习，强调每个人都有优势和劣势。

在融合艺术团，王子安和他的伙伴登上过广州著名的星海音乐厅，也曾受邀去美国、加拿大、瑞士、法国等国家演出。他们中，有人声音高，有人声音低，但不妨碍每个人平等地享受音乐带来的快乐。

"虽然我看不见这个世界，但我要让世界看见我的奋斗。"在一次赴异国演出的途中，吹着太平洋的风，王子安挥动帽子，高声喊着。

2017 年 11 月的那天，王子安站在伯明翰音乐学院的考官面前。他特意用啫喱抓了抓头发，穿着母亲为他准备的黑色衬衫和裤子。他用半个小时，拉完了准备好的 4 首曲子。

"虽然这不是最后的决定，"面试官迫不及待地把评语读给他听，"因为你出众的表现，我会为你争取最好的奖学金。"

"我赢了。"灿烂的阳光下，他在心里放声大笑。

那个摔倒了 200 多万次的人

马宇平

2021 年 7 月 24 日，东京奥运会女子柔道 48 公斤级 16 强淘汰赛"空场"举行。刘磊磊和妻子相丽挤在山东青岛自家超市的收银台前，捧着手机心惊肉跳地观看比赛。

他参与过 4 个奥运会周期的备战。他与 27 枚金牌有关，但又似乎无关。

一

刘磊磊从不主动向外人提起从前的日子。若有人问起他曾经的工作，他只说，"当过运动员"。

曾经，他每天被摔 300 到 500 次，摔了 16 年，摔倒 200 多万次之后，刘磊磊在 32 岁那年退役了。

他是金牌陪练，但几乎没有人想到，他是被"骗"进国家队的。

刘磊磊出生于青岛农村。14 岁时，他已经长到 1.8 米，体重接近 100 公斤，一顿饭能吃下百余个饺子。镇上开运动会，他手里的垒球和铁饼总能飞得最远。

那时刘磊磊家里没有电话，他被"选中"的消息先由学校老师带到妈妈卖衣服的商场，随后转到爸爸修车的工棚。最后，邻里乡亲几乎都知道了，他们说："磊磊要去北京了，要有出息了！"

"我要拿世界冠军，为国争光。"饯行时，刘磊磊当着亲朋好友的面保证道。

那是2001年，刘磊磊第一次出远门。火车转汽车，最终在北京奥体中心停下，他从门卫口中第一次听到"国家队"三个字。"国家队又来新人了。"门卫说。

同他第一个交手的是佟文。他还在担心"把人家女孩子摔坏了怎么办"时，现实已经狠狠把他砸在柔道垫上——佟文抓住他的衣领，使出一招干净利落的外卷入，他防不住，身体在空中画了一道弧线，"眼泪一下子就摔了出来"。

那时刘磊磊还不知道，这里是国家女子柔道队，佟文当时已是全国冠军。

两个月后，他和同批来的其他3名男队员才意识到"被骗了"。女队员住两人间，他们挤在放着上下铺的四人间；训练课上，他们站在一旁等候"召唤"，教练们只给女队员讲解动作要领。

训练之余，他还是女队员们的保姆、按摩师、裁缝和司机。刘磊磊不愿意做这些，但他害怕教练。

"先忍，总会有机会。"他心里憋着火，攒着劲儿，"卧薪尝胆"。他想，要先狠狠摔倒女队员，"连个女孩子都摔不过，太没面子了"。

二

半年后，和他一起从柔道学校选来的陪练迟福明退出了。刘磊磊也想走，但不知道怎么和教练开口。他也怕折了父母在老家的面子，"毕竟吹了那么大的牛，说要代表国家去比赛"。

一年多以后，以刘磊磊的身材和体重优势，摔倒女队员不再是难事。但他清楚，自己没有机会去男队当运动员了，他只是"陪练员"。

转折在 2003 年到来。刘霞在世界大学生运动会上斩获冠军，刘磊磊被安排捧着鲜花和教练徐殿平一起去接机。他高兴，但"纯粹是因为青岛老乡夺冠"。

接过花，1.78 米的刘霞搂住刘磊磊的脖子。她说："谢谢你磊磊，金牌也有你的功劳。下一个目标是雅典奥运会，咱俩一起加油。"

这个场景被刘磊磊刻在了心里，他没有想到，在刘霞心里，那块金牌竟也与他有关。刘磊磊下定决心好好为刘霞陪练，"反正自己没希望了，就把希望寄托在她身上"。

三

运动员的苦他看在眼里。

女子柔道队的队员加起来有 70 多人，大赛前超过 100 人。备赛时期，其他运动员和十几位陪练员几乎都围绕主力队员进行训练。

刘磊磊和其他陪练们的任务是帮队员把撒手锏练得更刚猛。主力队员佟文擅长背负投和外卷入。"技术定型"时，陪练们要站到她顺手的位置，主动伸手，在她抓住自己的衣襟或袖子后，加强力量对抗。

"不是说她技术对了我就顺着力被摔过去，一定是步伐、技术都到位，对抗的力量爆发出来，我才能把这个技术给对方。"如果对方做得好，他爬起来后会鼓掌叫好，说道"和她摔，但不是为了赢她，而是帮助她。"

他每天被摔倒几百次，有时一堂课下来就能摔到两条腿肿得不一样粗。不能喊疼，这是当陪练的最基本要求，"队员会心疼我们，我们不能让她们因为心疼而手软"。

陪练们也不会"手软"。队员再累他也不会"放水"，"我只会鼓励她"。要调动队员的情绪，让她看见赢的希望，但又不能赢得容易。

运动员减重他也要陪着。为了能参加奥运会，刘霞要在四五个月内减重16公斤，参加78公斤级比赛。刘磊磊也要减重，而且必须要比主力队员减得快。他每天靠早晨两个鸡蛋加一碗小米粥支撑一天的训练，1个月实现减重30公斤的目标。

处于减重期的刘霞在训练时泄了劲儿，刘磊磊从空中摔了下来。为了不砸到运动员，他用右肘支撑着着地，导致右肩韧带撕裂。事后，他找队医连着打了几天封闭针，没在刘霞面前吭一声。

他的右腿断过，肩、腰、膝盖都有伤，阴天下雨时关节会痛，茧子从脚底爬到脚面。他说道："这么多年，我没让一个队员在和我练习时受伤"。

他也得到了很多馈赠。女队员们会把发的装备分给他，给他买衣服，拿了冠军，会兴奋地抱着他摇晃，也有人从自己的奖金里分出来一部分给他。他不在意数额，"那是一份心意"。

他被江苏队借走当陪练时，认识了妻子相丽。相丽退役那年，他们在老家办了婚礼，回北京又请了两拨儿。其中一拨儿是教练和领导，教练抢着结了账，没让小夫妻掏一分钱。请队员那天，原定的20人的座位挤了40多人，运动员不能在外边随便吃肉，大家就在火锅里涮着青菜祝福他们。

四

以往，队员们外出比赛时，其他保障人员就回到原单位。队里会选一个人留守看家，刘磊磊总被认定为最合适的人选。时间最长的一次，他独自待了一个多月。

雅典奥运会时，刘磊磊看了刘霞决赛的直播。对手用钓袖背负投将刘霞摔倒，"一本"取胜。刘磊磊愣在电视机前，他平静不下来：对手变换了技术和打法，自己在训练中为什么没有想到？

颁奖仪式上，一枚银牌挂在了刘霞的脖子上。国旗升起来时，刘磊磊流泪了。"我那时候觉得这是我的遗憾。"

在那届奥运会上，刘霞一共打了 5 场比赛。对战荷兰选手时，她被对手用固技固定在垫子上 21 秒。按当时的规则，被固定 25 秒就输了。刘霞背部朝上，她翻眼睛看着天花板，说道："那么多白炽灯，这可是奥运会，输了就淘汰了，我所有吃的苦、遭的罪就都白费了！"她不知道哪来的劲儿，翻起来把对手固定住，赢了那场比赛。

那些惊险和逆转，刘磊磊都是在运动员回国后才知道的。有人调侃陪练，离冠军很近，但离赛场很远。

刘磊磊觉得好的陪练员必须具备两种特质：一是不能有私心，对所有运动员要一视同仁；二是不能有杂念，要彻底断了自己拿冠军的念头。

北京奥运会，女子柔道队拿下 3 枚柔道金牌，刘磊磊激动不已。他迫不及待地给母亲打电话。"高兴过头"的他戳穿了自己撒了 7 年的谎——我一直在女队，我是她们的陪练。

父母的"金牌梦"碎了。他们不再主动打电话问儿子"啥时候拿冠军"，也不想听他讲和柔道冠军们一起去人民大会堂领奖的事，连柔道比赛都不再看了。他们唯一一次来北京，是因为儿子的婚事。刘磊磊带他们爬长城，逛奥体中心，但避开了柔道训练的场馆。他不想让父母看自己陪练、被摔。2019 年，父亲生病去世。刘磊磊最遗憾的是，父亲一次也没看过自己训练。

国内外大赛一个接一个，主力队员也换了几拨儿，刘磊磊成了女子柔道队里的老人。家人不停地催他退役。因为"连着两届奥运会都没拿到金牌"，也因为"伤病太多，体力跟不上年轻的队员了"。

五

刘磊磊退役时，走得悄无声息。

他去领导办公室签了字，趁着队员们都不在的时候坐上返回青岛的火车，没有朋友圈里发一条有关的信息。

家里也没给他办接风仪式。与送他去北京时的心气儿不同，他说："我爸妈觉得我的工作没有什么价值，对我特失望。"

刚退役那会儿，他经常叹气，早晨一睁眼就不知道该干啥。刘磊磊有"很多值得自豪的事"想讲给父母听，但父母不感兴趣，他话到嘴边又都咽了回去。

那件绣着国旗和他的名字的白色柔道服被束之高阁，一本32开的相册和一张"北京奥运会突出贡献个人"的证书是他过去16年陪练生涯的全部证明。

一期讲述他的陪练故事的电视节目要播出时，他给父母打开电视，自己却紧张地逃出家去。他算着时间，等节目播完了才回家。父母的反应出乎他的意料，母亲红着眼眶，父亲冲他竖起大拇指。这是他多年想得到的，"让家人认可我工作的价值"。

现在，他每天凌晨3点40分起床，4点钟到达批发市场捡货，5点30分拉开超市的门。午睡时间是在国家队时就固定下来的，困意袭来的时间比墙上的表还准。

有时，下午他会去家附近的柔道馆教小朋友，和孩子们一起享受柔道。在全是小朋友的柔道馆，他给孩子们讲柔道中的"礼"。每天踏上柔道垫，将鞋子工整地放到一边，队员鞠躬行上垫礼，训练和比赛开始、结束时，还要对老师和对手行礼。一堂训练课下来，要行6次礼。

柔道馆墙上"精力善用，自他共荣"8个大字，正好诠释了刘磊磊心中柔道的魅力。16年的陪练生涯让他感觉"什么苦都能吃"，也学会了尊重自己，尊重别人，尊重对手。"不管你的对手是谁，你一定要和对方一起来完成这件事，一起达到人生的顶点。"

让他遗憾的是，过去 16 年里没多拍点照片。北京奥运会时，有场比赛他们到得早，趁着场地没人，他站上领奖台，手捂着绣在柔道服胸口位置的国旗，想象自己夺冠的场景。队友们笑他，他立刻跑下来，那个珍贵的场景也没有被拍下。

有人问他："如果人生再来一次，想不想自己当一回运动员？"

"想！"他停顿了一下，眯眼笑着点头，说道："我也想靠自己登上那个领奖台。"

像狐狸一样学习

得 到

当今时代，学习的方式正在发生巨大的变革。我们正在经历从"考试式学习"向"破案式学习"的过渡。

过去的学习，知识的门类是固定的，问题也是清晰的。不管是一个数学方程的解法，还是相对论到底在讲什么，所有问题都很明确，而且这些知识都已经被体系化，以文字的方式确切地写在经典著作里，你只要去学就可以了。

因此，你的求知方式应该是勤奋、专精、系统化地学习，而学习效果由各种各样的考试来衡量。这种学习模式被称为"考试式学习"。

英国哲学家以赛亚·伯林有个著名的"刺猬与狐狸论"：刺猬之道，一以贯之（一元主义）；狐狸狡诈，却性喜多方（多元主义）。传统社会显然更需要刺猬式的专家，一生只做好一件事就够了。好比你是一名数码工程师，业余爱好是下围棋。可围棋下得再好，对你的职场竞争力有什么帮助呢？搞不好，还落得个玩物丧志的骂名。

但是今天，传统的学习模式正在遭遇巨大的挑战。原因很简单：第一，人类的知识总量已经太大了，大到任何一个人，用任何一种方式都无法消化，哪怕只是一个门类的知识；第二，知识的确定性正在丧失，知识本身在频繁更新，今天还是共识，明天可能就不是了。越来越多的知识，处于学科之间的模糊地带。问题越来越多，但是确切的答案越来越少。

美国作家威廉·庞德斯通在《知识大迁移》这本书里，提出了一个办法：你要当一只知道很多事的狐狸，而且一知半解就好。除了专长，你要尽可能多地、碎片化地掌握一些知识的皮毛，不用系统，不用深入。这也许是未来最好的学习方法。

庞德斯通洞察到了一个关键性的变化：知识和学习者之间的关系变了。过去的知识是固化的，学习者跟知识的关系，像人和财富的关系，是占有关系，占有得越多越富有。但是现在，知识多到你根本占有不过来。

打个比方，过去水很少，而自己这个容器很大，往自己这个容器里装水，当然是装得越多越好。而现在，水已经多得像大海，你就别想往自己身体里装水了，学会在水里面游泳就好。

知识不是用来占有的，占有一知半解的、不确切的知识干什么？不管什么知识，都成了你踏入未知世界的踏板。一个片段的知识，会成为你求知路上的援兵，是不知道什么时候会起作用的接应。它虽不是答案，却是帮你找到答案的线索。

还记得那个爱下围棋的数码工程师吗？过去，下围棋只是他的业余爱好，但是现在，正因为他对两边都懂一点，所以击败人类棋手的人工智能阿尔法狗可能就是他研发的。

在这个时代，有知识的"盲点"不可怕，可怕的是有知识的"盲维"。那些一鳞半爪的知识，孤立地看可能没有用。但正因为它们分散、碎片化、不成系统，所以在知识的网络效应里，它们极有可能在机缘巧合下，填补一个你认知世界的空白维度，让你的一个认知盲维突然透进一丝亮光。

一个著名的例子是，福尔摩斯第一次见到华生时，他马上判断出华生是一名刚从阿富汗回国的军医。为什么呢？因为华生有医务工作者的风度，且还有军人气概。左臂动作僵硬，说明他刚刚受过伤。那么当时什么地方刚刚打完仗，并有可能让一名军医受伤呢？阿富汗。所以，结论就出来了。

你看，福尔摩斯只需要一个片段的知识——阿富汗刚打完仗，就足以让他完成一整套推理。他并不需要深入细致地了解这场战争。

这就是"破案式学习"。过去的学习，是面对已知的学习；现在的学习，是面对未知的学习。人人都是福尔摩斯。比如，你想创业，你想知道自己的创业计划靠不靠谱，上哪儿去找答案？你每次遇到的都是不同的案情。在未知的海洋里，任何一根小树枝都是救命稻草，你有一些微茫的小线索，哪怕不精确，也没关系，利用互联网工具，利用线索和线索之间的交叉关系，并不难找到答案。

《知识大迁移》里有一个关于收入的调查结论很有意思：在专业能力相当的情况下，谁知道的乱七八糟的杂事越多，谁的收入就越高。像地理知识、历史常识、冷门的体育术语，知道的人比不知道的人年收入要高出几万美元。

凭什么？这就是因为人家手里通往陌生领域的钥匙更多。

大学的使命

〔美〕威廉·德雷谢维奇

林 杰 译

诚然，每个人都需要有一份工作，但是每个人都更需要懂得生活。

既然我们可以从实用主义角度去计算上大学的回报是什么，那么我们为何不可以去计算为人父母的回报，与自己的密友共度时光的回报，享受音乐的回报，以及阅读书籍的回报呢？任何值得做的事情，都是因为事情本身有意义。

如果有人告诉你教育的唯一目的就是培养职业能力，那么他就已经把你当成一名高效的职员，一个容易动心的消费者，一个听话的缺乏主见的人。我们之所以要去探究上大学的目的，是因为我们要保证自己至少还能够成为一个完整的人。

大学所担的责任首先是教会学生如何思考。虽然这听起来像陈词滥调，但是它的实际意义要比我们的认知更广、更深。

思考并不是简单地为某个领域服务（比如，如何解决方程式或者如何分析文章），甚至不是获取跨学科的工作能力，思考实质上是培养出思辨的习惯，并把这一习惯运用到实际生活中。简单来讲，学会思考就是以批判的眼光审视身边任何事物，不自以为是，不妄下结论。

真正的教育的首要责任，是教会人把自己从以讹传讹所形成的常识中解救出来，先要认清它，其次质疑它，最后从新的角度思考它，而不是被"常识"这匹蒙着眼睛的野马牵着跑。

大学四年是"一段珍贵的时光，学生不用为生计发愁，有机会真正思考并反思周边的一切"。当然从高中开始，我们就走向成熟并开始学会思考，就如同马克·埃德蒙森一样，但是周边的环境依然严重限制着你，如父母的监管，以及在不同程度上被考试所牵制的教学。但大学不一样：它是成年生活初期最自由的一个时间段，它是为迎接成年生活特别设计的喘息时间。

大学所赋予你的自由简直是一种特权。你怎么可以轻易地抛弃呢？至少也要享受特权的一部分。

大学所提供的另一个重要资源就是朝夕相处的同学。在课堂上，同学们可以用严谨的态度就各种话题进行质疑和辩论；在宿舍里，同学们以最放松的心情促膝交谈至深夜。前一种是为了达成共识，后一种是为了推翻共识。

大学并不是人学会思考的唯一机会，既不是第一个机会，也不是最后一个机会，但绝对是最好的一次机会。我敢确定的是，如果你在大学毕业时还没学会思考，那么在毕业之后成功的概率就更低了。

大学的意义是帮助我们更警觉地生活，更有责任感，更有自由度并更加完整。如果大学四年完全就是为了就业而准备的，那么我们就显然荒废了这段黄金时间。

事实上，我并不特别喜欢有些人把大学的目的规定为"建立一套有意义的生活哲学论"，这根本就不具有任何生命力。首先，"建立一套哲学论"，听起来好像你在起草一个协约。其次，它是静止的。你建立一套哲学论，就像随身携带一个盒子，它与你终生相随，以备你不时之需。

　　大学的经历远远要比建立生活理论深刻得多，它触及一个人灵魂的最深处，而且无与伦比地变幻莫测。它不会在你大学毕业时或者在将来的任何时刻停止。作家路易斯·拉帕普笔下形容的自我疗伤的那个伤口永远不会愈合，因为我们自身将永远不会回归到当初纯净的无意识状态。每个人在大学期间真正需要培养的是反思的习惯，即拥有在变化中成长的能力。

　　大学的使命是成就一个更有意思的你。这个使命的前提是，你认为成为"有意思的人"对你最重要，而且你认识到，你将是陪伴自己终生的唯一人选。但是成为一个有意思的人并非由资历堆积而成的自我实现。比如，同时修四个专业，担任大学报社的编辑，参加合唱团，创建非营利组织，并学会烹饪异国他乡的美食，等等，这些都不能成就有意思的你，因为"有意思"并不是令人印象深刻的，也不是刻意去成就的。

　　一个人之所以有意思，是因为他大量阅读，善于思考，放缓脚步，投入深度对话，并为自己创建了一个丰满的内心世界。若从全新的角度去诠释，大学的使命就是把青少年转变为成人。

　　大学的四年，也是青少年向成年转变的黄金四年，倘若仅仅是为了职业做准备，而忽视其他方面的培养，那简直荒谬至极。如果有人真的以此强加于你，那么他就已经对你进行了一次掠夺。

　　如果你在大学毕业之际与你入学初期并无区别，你的信念、价值观、愿望以及人生目标依旧如故，那么你就全盘皆输，必须重新开始。

　　教育是当你忘记了所学的大部分之后而存活下来的那一部分。我们在大学所学的大部分必然会被慢慢淡忘，剩余的部分，其实就是你自己。

你是"差不多先生"吗

采 铜

把一件事情做到极致

国画大家齐白石先生的成才经历能给我们很多启发。齐白石出生于 1864 年，湖南湘潭人。他的家庭并不富裕，所以他 16 岁就开始拜师学习雕花木工。齐白石的木工师父手艺很好，他又认真好学，所以他的手艺越来越好。由于经常跟着师父在外面做活，渐渐地，他在当地有了些名气。

齐白石学手艺不仅勤动手，更善动脑。他发现师父雕的花翻来覆去就那几个固定的样式，什么"麒麟送子""状元及第"，没什么新意，于是就搞了些创新，把国画里的一些元素，如虫草、花鸟等，迁移到木雕里。起初只是试探，没想到雕出来的新品颇受大家欢迎。

这种经历让他对国画有了强烈的兴趣，但没有人教他画，而他能看到的国画画册也是比较初级的，所以一直无法真正入门学画。

直到 20 岁的一天，齐白石在一个主顾家里干活时，发现了一套《芥子园画谱》。《芥子园画谱》是一套非常经典的国画教科书。一个想学画的人看到一套画谱，就如同一个想学武的人看到了一套武功秘籍。可是这套书是别人的，在当时又很稀少珍贵，他只能向书主借来，用薄竹纸覆在书页上，描红一般照着原画一笔一笔勾描。他就这样勾画了足有半年，画了16册，才悉数描完。

接下来的5年，齐白石靠这套勾描出来的《芥子园画谱》做木雕，闲时也反反复复临摹，勤学苦练，他画画的底子就这么打了下来。后来齐白石的画在当地出了名，引来一名画家收他为徒。接受了专业指导后，齐白石画技更上一层楼，终成一代国画大家。

发现一本好书，花半年时间抄下来，又花几年时间学这一本书，这是在信息匮乏的时代背景下，一个求学若渴的年轻人所做的事。而在今天，有几个人能做到？

"手机艺人"

一部智能手机在手，我们的时间就被分割得七零八落；每天各式各样的信息如潮水般涌来，让我们无所适从，不知如何选择；我们的耐心越来越少，我们总是被标题吸引，打开正文后匆匆看两眼又马上关掉；每天更新的网络热点，当时看得热闹，到第二天就会忘得一干二净；我们幻想在一篇网文中寻找到"干货"，希望发家致富、人生辉煌的不传之秘能被列成要点，和盘托出，没想到只是又一次被骗了点击；我们总是在找更多的资源，搜索、下载、囤积，然后闲置，错把硬盘当成自己的大脑……

如果说齐白石的故事是一个"信息匮乏时代的手艺人的故事"，那么这就是"信息过剩时代的'手机艺人'——我们的故事"。

齐白石先生的这种专注和一丝不苟，想必现在少有人能企及。胡适先生写过一篇趣文，叫《差不多先生传》，文章里虚构了一个叫"差不多先生"的人物。这位先生有一句名言："凡事只要差不多就好了，何必太精明呢？"在我们很多人身上，都有这位"差不多先生"的影子。

不苟且

历史学家罗尔纲年轻时曾担任胡适先生的助理，受胡适言传身教颇多。他回忆说，胡适先生最令他受益的教诲就是三个字：不苟且。

什么是"不苟且"呢？胡适说，不苟且就是"狷介"。胡适认为，"狷介"不仅是一种德行，也是一种做学问的品格，也就是"一丝一毫不草率、不苟且的工作习惯"。罗尔纲早年受这种"不苟且"精神的熏染，在自己的学习和研究中一以贯之地践行，最终成为一位著名的历史学家。

年轻人容易犯的毛病是热情有余，少了一些冷静踏实；急于求成，少了一些耐心细致。如果能早一些明白"不苟且"的重要性并躬身践行、一以贯之，人生之路可能会好走很多，个人的才能也更容易培育和施展。

一位管理学大师晚年回顾自己的人生，从经历中总结出 7 条人生经验，其中第一条是"追求完美"。18 岁的时候，他每个星期都会去歌剧院看一场歌剧演出。有一次他观看由意大利音乐家创作的歌剧《法斯塔夫》时，被深深震撼，随后他查阅资料，发现这部伟大的作品竟然是音乐家在 80 岁时创作的。

80 岁的音乐家早已经功成名就、享誉天下，为什么还要辛辛苦苦地创作一部歌剧呢？他在一篇自述文章中是这样写道："身为音乐家，我一辈子都在追求完美，可完美总是躲着我。所以，我有责任一次次地尝试下去。"

这番话给年轻的管理学大师很大的触动，甚至成为他一生行事的准则。所以直到 90 岁时，已经著作等身的他还在辛勤工作，写出了思考未来管理问题的《21 世纪的管理挑战》一书。

以梦为马，
不负韶华

读书的一点建议

〔英〕弗吉尼亚·伍尔夫

吴　璜　译

　　关于读书，一个人能对另一个人所提出的唯一劝告就是：不必听什么劝告，只要遵循你自己的天性，运用你自己的理智，得出你自己的结论，就行了。

　　如果我们之间在这一点上能取得一致意见，我才觉得自己有权利提出一些看法或建议，因为这种独立性是一个读者所拥有的最重要的品质。因为，说到底，对于书能制定出什么规则呢？滑铁卢之战是在哪天打的——这件事能够肯定，但是《哈姆雷特》这部戏是不是比《李尔王》更好呢？谁也说不了。对于这个问题，每个人只能自己拿主意。要是把那些身穿厚皮袍、大礼服的权威专家请进我们的图书馆，让他们告诉我们该读什么书，对我们所读的书估定出一定的价值，那就把自由精神摧毁了，而自由精神才是书籍圣殿里的生命气息。在其他任何地方我们都可以受常规和惯例的束缚——只有在这里我们没有常规和惯例可循。

　　说起来好像很简单：既然书有种种类别（小说、传记、诗歌等），我们只要把它们分门别类，找出它们理应给予我们的东西就行了。但是很少有人向书要求它们能给予我们的东西。我们读书的时候，想法常常是模糊不清和自相矛盾的：我们要求小说一定要真实，诗歌一定要虚假，传记一定要把人美化。在我们读书的时候，如果我们能够先把这一类的成见排除干净，那就是一个值得赞美的开端。不要向作者发号施令，而要设法变成作者自己，做他的合作者和"同伙"。如果你一开始就退缩不前、持保留态度并且评头论足，你就是在阻止自己，不能从你所读的书中获得尽可能丰富的意蕴。但是，只要你尽可能地敞露你的心胸，那么书一开头的曲曲折折的句子中那些几乎察觉不出的细微征兆和暗示，就会把你带到一个与任何人都迥然不同的人物面前。沉浸于这些东西之中，不断熟悉它们，很快你就会发现作者是在给予你，或者试图给予你某种远远更为明确的东西。

我为什么喜欢读书

〔埃及〕阿巴斯·马哈茂德·阿卡德

伊 宏 译

当把这个问题提给一位从事写作的人时，我们首先想到的是他会这样说："我喜欢读书是因为我喜欢写作！"

但实际上那个读书仅仅为了写作的人，不过是一个"邮差"，或者一个"尾巴主义"作家，而非真正地道的作家。如果在他之前没有别的作家，那就绝对不会有他这位作家；如果在他之前没有一位说过什么的人，那他也就不会有什么东西能说给读者听。

不，我绝不是为了写什么才阅读，也不是为了增加估计中的年岁。我爱读书只是因为在这个世界我只有一个生命，而一个生命对我来说是不够的，一个生命不能把我心中的全部动因都激发起来。

阅读——而不是别的，可以给我比一个人的生命更多的生命，因为它从生命的深处增加了生命，尽管它并不能在岁限上延长它。

你的思想是一个思想。

你的感觉是一个感觉。

你的想象是一个想象——如果你限制了自己的想象的话。

但是，你若借助你的思想与另一种思想相会，借助你的感觉与另一种感觉相会，那么事情就不止于此了：你的思想变成了两个思想，或者，你的感觉变成了两种感觉，你的想象变成了两个想象。

决不仅仅如此！由于这一相会，你的思想变成了数百个有力度、有深度、有广度的思想。

一个思想是一条被分开的小溪。

但许多相会在一起的思想，则是融汇全部溪流的大海。这二者的区别，正如广阔的天际和汹涌的波涛同狭窄的堤岸和有限的轻波之间的区别。

很多问题，也许表面上或标题上有所不同，但你若将其归到这个本源上来，那最遥远的也像最切近的了。

例如，昆虫的天性和哲学有什么关系呢？

哲学与一首抒情诗和一首讽刺诗有什么关系呢？

这首诗或那首诗与一段复兴史或一场革命有什么关系呢？

一个人的生平与一个民族的历史有什么关系呢？

从表面上看，许多事情风马牛不相及。

但实际上它们都是一种生命的物质，都是从一眼泉中涌出的溪流，还要归回到那里去。

昆虫的天性是对生命初始的一种研究。

哲学是对生命永恒的一种研究。

抒情诗或讽刺诗，是一个人的生命在爱情和报复时的两块燃烧的木炭。民族的复兴或革命，是千百万人心中生命波涛的汹涌澎湃。伟大的个人的生平，是一个生命在其他生命的展示。

所有这些都在同一片大海中相会。它们把我们从溪涧引向浩瀚的大海。

在我阅读时，我并不知道自己是在寻求这一切，也不知道这一爱好是从这一愿望中产生出来的。

但是我喜欢阅读了。我从我们所读的东西中发现了这一广泛的联系。由于这一联系，阅读有关一只蝴蝶的书和阅读有关麦阿里和莎士比亚的书这二者是彼此接近的。

我不喜欢书，因为我是生活中的一个隐修者。

但我又喜欢书，因为一个生命对我来说是不够的。一个人尽管可以吃，但他绝不可能吃下比一个胃的容纳量还要多的食物；尽管可以穿，但他绝不可能穿比人体所能穿的还要多的衣服；尽管他可以行走，但他不可能同时在两个地方落脚。然而，当他的思想、感情、想象增长时，他就能把许多生命集于一身，就能成倍地扩充自己的思想、感情和想象，正如彼此交换的那种爱情的成倍增长，亦如两面镜子间叠映出的那张像那样层出不穷。

中国大山里的海伦·凯勒

李柯勇　李春惠

从光明到黑暗

2007年，刘芳曾反复做一个梦：夜晚，怎么也找不到回家的路，一抬头，忽见满天繁星。她抓住身旁的人，说明天一定是个好天气……那时，她刚失明。

10年前她就知道，这一天终将到来。早先她有点夜盲症，到1997年，她眼前晃起了"水波纹"。银色、金色、蓝色的光圈，宛如一朵"恶之花"，层层花瓣不断绽开，她看世界时像是隔了一个鱼缸。

一纸命运的判决书从天而降——不治之症。医生说，这叫视网膜色素变性，发病率只有百万分之一。

腿一软，刘芳险些瘫倒。

那年她26岁，在贵阳市白云区第三中学刚工作4年，跟相爱的人结了婚，8个月大的儿子还在襁褓中……夜深人静时，她咬着被角，在黑暗中哭泣。

她曾是个快乐单纯的姑娘，苹果脸，身材娇小，往往人还没到就先听到笑声，绘画、写诗、书法、唱歌、跳舞，样样都行。

她喜欢教书，而且教得别出心裁。批改作文，写评语前先画个卡通脸谱表明整体印象，笑容灿烂的、一般微笑的、瘪着脸的、痛苦扭曲的，有的还顶

128

着鸡冠、留着羊角辫……这样的轻松幽默，让学生们看得笑逐颜开。

若失明了，还怎么画出一个笑脸？

她专门去学了两年绘画，希望用画笔留住这个缤纷的世界。她画得最用心的是一只猫头鹰：黄褐相间的羽毛，站在枯枝上，背景是湛蓝的天空，最动人的是那对眼睛——又圆又大，仿佛能看穿一切黑暗。

视野一天比一天窄，视线一年比一年模糊。

2001年，她读的最后一本纸质书，是《笑傲江湖》。

2006年，她看到的最后两个字，是课本封面上的"语文"。

2007年，她完全被黑暗包围。

当年的一段录像保存至今：学生放学了，刘芳从讲台上拎起包，摸索到门口，回头望了一眼她已看不到的空荡荡的教室，缓缓带上门。

在黑暗中抓住光明

初见刘芳，很多人不相信她已经失明。

在家，她扫地、洗衣服、倒开水、冲咖啡、炒菜、在跑步机上锻炼，动作熟练得几乎与常人无异。借助软件，她发短信比很多正常人还快。在学校，她可以独自走近百米，下两层楼，转5个弯，轻松找到公厕。

很少有人知道，这些年她是怎样挺过来的。

2008年年初冰雪灾害发生时，小区停水停电，她拎着大桶，摸索着下6楼去提水。巨大的冰坨子在头顶摇摇欲坠，天寒地冻，一步一滑，最后她累得晕倒在地……不知多少次绊倒、磕伤、撞墙、烫出水泡、碰碎杯子，现在她的小腿上还满是伤痕。沮丧、灰心、绝望，她想过放弃。但转念一想，又释然了：哭也是一天，笑也是一天。如果生活不能改变的话，那就改变生活的态度。

更令人称奇的是，她带的班成绩不仅没有退步，中考反而还出了两个语文单科状元，成绩在白云三中至今无人超越。

有人建议她病退或休息，她婉拒道："那样我的生命就真的终止了。"

一个盲人要想留在讲台上，无疑要付出超出常人几倍的努力。

写板书，她有时会写歪，有时会重叠到一起。一次，她没留意走到了讲台边缘，一脚踏空，摔在垃圾桶上。学生奔过去扶她，说："最后两个字都写到墙上去了。"多年以后，她的学生说："刘老师歪斜叠加的板书，是我们青春记忆里最美的画面。"

眼睛沉入了黑暗，唯有心能抓住光明。

她尚未完全失明时，有一次学生们发现，刘老师把课本拿倒了，照样侃侃而谈。这才知道，她根本没有看书，而是在背诵课文。

为了教好书，刘芳把初中3个年级的文言文全部背了下来，把其他重点、难点也一一记牢，她把几大本厚厚的讲义全都装在了脑海里。视力越来越差，她的课却讲得越来越精彩。

说、学、逗、唱，她几乎变成了相声演员，她的课堂上充满欢声笑语。"眼睛不好，上课就一定要生动，才能把几十双眼睛吸引到我这儿来。"

她用耳朵批改作文。学生朗读，她和全班同学一起即时点评。

"感情再充沛一点儿。""他这个角度大家想到没有？"她像个乐队指挥一样调动着全体学生。

"该我了！""我有不同看法！"学生们热烈响应。

听、说、读、写，多种训练同时进行，比单向的教师批阅效果更好。

学生们越来越喜欢她。听说她可能不再担任班主任，学生们跑去求校长，哭着说："一定要把刘老师留下啊！"毕业了，他们把自己的弟弟妹妹领来，点名要进刘芳的班。

打开一扇心之门

2009 年的一天，有一位年轻老师向刘芳求助，说："我们班有个女生情绪波动非常大。"

找到那个女生后，刘芳一伸手，摸着女生纤细手腕。这个平常很文静的小姑娘来自一个重组家庭，她觉得自己是个多余的人。

刘芳用一块布蒙上她的眼睛，说："你就这样跟着我一天，试试我是怎样生活的。"

一天之后，刘芳问："容易吗？"

"不容易。"

"我天天都是这样生活的。我都能好好活着，你有眼睛，又漂亮又可爱，完全可以比我活得更精彩。"

姑娘的眼泪大滴大滴落在刘芳手上。

刘芳又去姑娘家家访。她看不见路，只能让那位年轻老师牵着自己。天黑了，她们坐一个多小时的车，又深一脚浅一脚地走过狭窄的乡间小道，数着电线杆，才找到那个偏远的村子。

刘芳告诉家长，孩子什么都不缺，缺的就是一点爱。她把母亲的手放到女儿的手腕上："你不爱女儿吗？"

"爱。"质朴的农家妇女一辈子都没有这样袒露过感情，而当"爱"字说出口，尘封已久的心门终于打开了。母女俩抱在一起，失声痛哭。

从 2008 年起，校长交给刘芳一份开创性的工作——心理咨询。那时，贵州农村学校的心理辅导基本是空白的。白云三中地处城乡接合部，青春期与社会转型期交织，很多学生都有心理问题。

刘芳把自己的工作概括成 4 个字——用爱倾听。

她建立了"成长档案袋"，学生们以各种方式，把不愿告诉别人的"秘密"

向刘芳倾诉："我无法克制对她的好感。我的心总是上下浮沉，不知如何是好。""今天，最疼爱我的奶奶去世了，我想坚强一点，可是怎么也止不住泪水。""现在的父母对我恩重如山，但我渐渐长大，突然很想回到亲生父母身边去……"

让一个看不见光的人去宽慰常人，这的确很少见。不过，任何人面对一个比自己更需要帮助的柔弱女子时，再难的事也该想了吧？

一次，一个陌生人因感情受挫，错把短信发给了刘芳。刘芳打电话过去，劝导得小心翼翼："你只是一朵早开的花。有没有意识到，现在的你，其实不是你自己？"

前后3个月，刘芳一次次跟这个未曾谋面的姑娘通话。终于，姑娘有了笑声："刘老师，我答应你，好好活着。"

刘芳不止一次收到这样的留言："是您，在我心里点亮了一盏灯。"

那些点滴的爱

刘芳讲过一个月饼的故事。

有一年，她布置的作文是《中秋感怀》。有一个男生写道："中秋节到了，每个人都吃着月饼。而我却不知道月饼是什么滋味，甜的，酸的？"

刘芳听得心酸，就去他家家访。他父母在外打工，他跟老人住在破旧的农家小屋里。第二天，她带给男生一大块月饼。他咬了一口，噙着泪花说："刘老师，月饼是甜的。"

很多年后，他都工作了，打电话要请刘芳吃饭。刘芳笑了："你喜欢吃什么就带我吃什么吧。"

停顿了一秒钟，他说："我觉得最好吃的是月饼。"

白云三中的学生多来自农村和进城务工家庭，刘芳总会对孩子们多尽一份心力。

有个自幼失去一条腿的男生，刘芳承担了他初中三年的学杂费，又攒钱帮他安假肢。一个中档假肢相当于刘芳半年的工资。没料到，这引发了"爱心接力"。一位干部听说此事，要求分担费用。没多久，假肢厂厂长来了，说道："我免费给孩子量身定做一个高级假肢。"

终于能双脚走路了，男生跑来找刘芳："我能不能叫您妈妈？"

叫她"妈妈"的学生不止一个两个。

不久前的教师节，已大学毕业并也成为一名老师的一位学生发来短信："刘妈，感谢生命中出现了您。"

这位学生读初三时，父亲病逝，刘芳把她当女儿来照顾。她回忆："我最难的时候，刘妈始终陪在我身边。她很少触碰我的伤心事，像阳光一样包容着我。"

中考前，刘芳抱着她问："还有什么问题吗？"

"你要相信女儿。"她说："你眼睛看不见了，还把我们教得这么好。我有什么理由学不好？"

那一点一滴的爱，在孩子们心里留下了长久的温暖。

一个孤儿在日记里写道："刘老师，初中3年以来，一直都是我们全班40多个同学看着您的一切，可是您却看不见我们的脸。您只能用心去体会我们对您的爱，用声音来辨别我们是谁。我好想为您做点什么，但是我无能为力，唯一能做的就是默默地为您祈祷，希望有朝一日，您能复明。

知识分子的风范

蒋 勋

过去的知识分子有一种叫作"风范"的东西，就是他们对人的定位，是非常清楚的。

风范听起来很抽象，按我自己的观察，他们有一个共同的特征：他们从小读古书，不管是中国的还是日本的，从而受到东方文明非常优秀的训练，使他们对人性有一种道德上的相信。

我们读古书，如《庄子》《老子》《论语》《中庸》《孟子》，基本上都是在谈人的定位，很少有技术、知识上的东西。因此，过去的知识分子在"人文"这个部分，基础深厚。后来他们也开始读西方经典，读到十九世纪一些人文性很强的作品，如《战争与和平》；接着又经历了一些社会变动，譬如五四运动，或者更晚一点的中日战争，他们在这里面历练很多。于是，他们身上真的有一种成熟，这是后来的知识分子难以超越的。

战后生活稳定下来了，他们把对人的关怀转化成对教育的理想和热情，好似虔诚的宗教徒。我 1976 年从巴黎回来时，认识了俞大纲老师，他那时候在馆前路有一间办公室，每个礼拜三早上在那里读唐诗，尤喜读李商隐和李贺的诗。我们这一批人在那里上课，也不是为了什么，就是每个礼拜有一天去见俞老师觉得很快乐。

在那里，我常常会提出跟俞老师不一样的想法，别的人会觉得很不礼貌，可是俞老师对我很好，我会觉得，其实他就是对人文有一种相信。于是在俞老师的葬礼上，我们这一批人尤其会觉得身上有一种负担，我们要继承俞老师所彰显的东西，就是文化，并且要把它传承下去。

譬如林怀民之所以会关心民间戏曲，是因为俞老师有一次跟我们跑到板桥，到庙里去看歌仔戏。过去我们觉得俞老师成长自文人家庭，应该不会接触民间歌仔戏，但当歌仔戏一开始，老师就跟我们讲歌仔戏的内容，我们吓了一跳，问俞老师怎么都知道。他说，其实戏曲就那么几个源流，歌仔戏、川剧都是一样的源流，那就是所谓的"文化的根本"，即使没有看过歌仔戏，他还是知道这个典故出自《左传》。这就是说，你如果有办法把文化的根本弄好，后面很多事情就很顺利，但我们现在的做法却恰恰相反，追求细枝末节的东西，反而把"本"失掉了。

亲近这位老先生对我的影响非常大，也让我今天不管怎么样，都会回头去读像"十三经"这样的古籍，这些书里面讲的都是很根本的、关于人性的东西，就是做人的纲要。我想，知识属于人，如果了解了人，无论你学到什么新的知识，都能将它们结合在一起，不会有断裂的感觉。因为任何知识都要回归到人的本分，如果学习知识，回不到人的本分，那你学到的就一定会出问题。

为什么上大学

John Ciardi

杨 波 译

我来告诉你一件我的教师生涯中最早的一次令我啼笑皆非的经历。

那是 1990 年 1 月，我刚刚从研究生院毕业，开始了在一所大学的第一学期的教学工作。一个高个子的男生来到了我的课堂，坐了下来，两臂交叉往胸前一放，看了我一眼，好像在说："好吧，哥们儿，教我点什么吧！"两星期后我们开始上《哈姆雷特》，三个星期后的一天，他来到我的办公室，双手放在臀部，"你要知道，"他指着桌上的书说，"我来这里是为了成为一个药剂师，可是为什么还非得学这个？"

虽然我是一名新教师，我也完全可以告诉这名学生，他现在上的是大学，而不是技术培训学校，在大学里学生应该接受的是教育而不仅仅是培训。我试着这样向他解释。我说："对于你今后的日子，每天 24 小时。这 24 小时中，大约有 8 个小时要睡觉，你既不需要培训也不需要受教育就能安然地度过你生命中的这三分之一的时间。"

"每个工作日的大约 8 个小时里，我希望你能从事有用的职业，假设你读完了药学院或是工学院、法学院甚至别的什么学院，在工作的 8 小时里你就可以完全地应用你的专业知识，在你生命的这三分之一的时间里，你当药剂师的责任就是不把氯化物弄到阿司匹林里去，当工程师你就不能让工程失控，当律师就要做到你的当事人不因你不称职而上电椅。这里面包含了每个人都尊重的工作，而且这些工作都能给你良好的基本需求。除了满足其他的需求外，这些职业将来会是你餐桌上的食物，养活你的妻子，抚育你的儿女。职业是你的收入的来源，祝愿你的收入永远够用。"

"那么还有另外8个小时的时间，也就是说你生命中另外三分之一的时间你怎么度过？还是回头说说你的家庭吧！你要把你的子女培养成什么样的人？孩子们能够接触到高深思想吗？我们都自认为是一个伟大文明社会的成员，文明社会只有保持其创造性，才能存在。将来你成为一家之主的时候，你的家庭是否对整个人类文明思想有起码的了解？或者你家庭生活的内容只有牛奶面包？你的家里是不是应该有些书呢？或者说应该有些画？你的家人能不能用英语表达自己的意思，能不能就一个有意义的话题发表意见？你的孩子能不能有机会听到巴赫的音乐？"

我说的大致就是这些，可是那个学生根本就不感兴趣。他说："得了，你们这些教师有你们教育孩子的办法，我有我的一套。至于我嘛，我要赚大钱。"

我对他说："我愿你赚好多的钱，因为你若不赚钱买东西就会难受。"

4年过去了，我仍然在读书，我在这儿想告诉你的是：大学的任务不仅是对你进行培训，还要向你介绍人类最伟大的思想，如果你不抽点时间读莎士比亚的作品，学点最基础的哲学，学点艺术，学点我们称为历史的人类发展的过程，那么你就不该来上大学，你就会成为一个只会使用机器的人，一个只会按电钮的人。

谁也不可能没有人帮助就能够成为一个有用的人，自己去创造成为文明人应有的一切知识，一辈子的时间也是不够的。

你们今天的年轻人，只要在中学的物理课上没有完全地睡觉，就比过去那些大科学家的物理知识强。你之所以比他们知道得多是因为他们把他们的知识留给了你。任何科学的最初的过程都必然是一个历史过程，你必须去学习那些前人学到并留传给你的知识。

人类技术的发展是如此，人类精神财富的积累也是如此。书籍中包含着绝大多数技术的和精神的资源。在你读一本书的时候，你就在增加着你的人生阅历。读一读荷马的史诗，你的头脑里就有了荷马的一些思想。通过书，你至少能获得维吉尔、莎士比亚等无数前人的一点点思想的火花。因为一部伟大的著作就是一份厚礼，它使你经历一些你一生中没有时间来经历的生活，它把你带到一个现实中你没有时间去游历的世界。一个文明人的头脑里包含许许多多这样的生活经历和这样的世界。如果你急着去赚钱，或者对自己的无知甚为得意，从而把亚里士多德或爱因斯坦的思想这些能提高你的思想素质修养的礼物拒之门外，那么，你将……

我认为，要是一所大学不能使你们学生——无论是作为专门人才还是普通人物——去接触那些你们的头脑中应该有的那些大师的思想，那么，这所大学就没有真正的办学宗旨。而你们自己若没有努力去吸取那些大师的精髓的意图，那么，你们就不再是一个真正的文明人。

既然无论是作为大学还是作为大学生，都没有对这个文明社会所具有的文明起到传承和推动的作用，那么对于我们这个文明的社会来说，两者也就都没有存在的必要了！

梦想比条件更重要

〔美〕辛西娅·斯图尔特

邓　笛　译

从我家厨房的窗户可以看到街对面一所中学的篮球场。有一个女生特别吸引我的注意，她总是和男生们一起打篮球。在那些高大的男生堆里，她显得那么弱小，惹人怜爱。但是，她丝毫不比男生逊色，一会儿快速运球，一会儿长传，动作干净利落，作风泼辣顽强。

我还注意到，她每天在别的小孩离校后仍然会独自一人留在篮球场苦练，有时一直练到天黑。一次，我问她为什么要练得这么刻苦。她不假思索地说："我想上大学。但爸爸说，他没有能力供我上大学，唯一的办法就是靠自己争取奖学金。我喜欢打篮球，我要把篮球打好，有了这个特长，我就能申请奖学金。"

这是一个勤奋而有毅力的女孩。从中学低年级到高年级，她一直没有放弃她的梦想，矫健的身影每日都会出现在球场上。我关注她，祝福她。

然而，有一天我发现她双臂抱膝，把头埋在胸前坐在球场边的草地上。我走过去，关切地问她发生了什么。

"没什么，"她轻声地答道，"只是因为我个子太矮了。"教练告诉她，任何一个大学篮球队都不会录用一个身高只有 1.67 米的人作为队员，这样她希望通过篮球特长获取奖学金的梦想很难实现了。

我理解她心中的失望和痛苦，多年的梦想就因为身高条件而不能实现。我问她有没有和爸爸谈过这件事情。她抬头告诉我，爸爸认为，教练不懂得梦想的力量，如果她真的想获得奖学金，就没有什么能阻止她，除非她自暴自弃；因为梦想比条件更重要。

她爸爸的话得到了印证。第二年，在"加利福尼亚中学生篮球锦标赛"上，由于她在场上的出色表现，一所大学的篮球教练看中了她，她如愿以偿地获得了奖学金，成了一名大学生。

可是，在她上学不久，爸爸就患了癌症，不幸去世。她又面临新的困难：一方面，她的家更穷困了，4 个弟妹还未长大成人，最小的弟弟才出生几个月，她要帮母亲挑起家庭的担子；另一方面，由于花了很多时间在打球上，她的功课也耽误了不少。那些年，她要打球、要学习、要照顾家庭，困难重重。然而，她咬着牙，要实现她的新梦想，那就是获得学位。她时刻记着爸爸的话——"梦想比条件更重要"。

她的确做到了！她获得了学位，尽管这用了她 6 年的时间，但是她没有放弃。现在，每当太阳西落，我都会看到她在球场上奔跑、跳跃、投篮，顽强自信，充满活力。她常挂在嘴边的一句话依然是："梦想比条件更重要。"

我为什么对她了解这么多？读者也许猜到了，因为我就是这个女孩子的母亲！

假装成功

侯美玲

丹·布朗擅长写悬疑小说，并在其中穿插大量知识点。为了让自己的小说受到读者欢迎，布朗通常会在写作前花很长时间收集资料，然后对其进行整理，学习其中的专业知识。

小说《达·芬奇密码》起初叫《秘密之秘》。当时，布朗的写作过程十分艰难，因为有些知识很专业，他无法将它们整合成扑朔迷离的故事。写作不得不暂停，布朗开始怀疑自己的写作水平，自信心几乎降为零。他变得很焦虑，白天痛苦不堪，晚上也在苦思冥想。

一天夜晚，布朗梦见自己的小说获奖了，短短几周时间，《秘密之秘》迅速登上小说排行榜首位。醒来后，布朗发现自己很享受这种"成功时刻"，意识到这一点，他决定在写小说期间假装自己已经成功。

布朗假装小说已经完成且出版，他专门让人装订了一本《秘密之秘》。这本书除了精美的封皮，里面一个字也没有印刷。另外，他还定制了一份专属的报纸，上面刊登着美国当月小说排行榜。当然，他的小说位列榜首。

打开电脑写小说前，布朗会摸一摸书桌上的《秘密之秘》，然后一遍又一遍阅读报纸上的排行榜。假装成功让人很惬意，布朗的每个毛孔都舒适无比。

写作时，布朗自信心爆棚，思维变得特别敏捷，敲击键盘的速度也越来越快。

在假装成功的日子里，布朗的写作进行得很顺利。2003年，《秘密之秘》完稿，最终定名为《达·芬奇密码》出版发行。一切如布朗所料，《达·芬奇密码》很快登上小说排行榜首位。

在绝望的时候，不妨想一想美好的事情，假装成功不失为一种有效的减压方式。

改写命运的逆袭

施晶晶

2018 年, 初中毕业的姜雨荷还是个"打工妹", 在工厂流水线上没日没夜地劳作。南下务工半年后, 她重回校园, 进了河南化工技师学院(以下简称"河南化院")回炉再造。2022 年 11 月, 姜雨荷在世界技能大赛上夺金。在"化学实验室技术"项目上, 这个 20 岁的姑娘, 为中国队实现金牌数"零"的突破, 并由此成为河南化院最年轻的教师。

野孩子

回忆童年, 姜雨荷用"野孩子"来评价自己。

姜雨荷的父母都是农民, 农活繁重, 顾不上督促她和两个哥哥的学习。农民家庭出身的孩子, 帮忙做家务是他们免不了的义务。现实环境所限, 加之爱玩的天性, 小孩子往往很难用好的学习习惯约束自己。用姜雨荷的话来描述, 就是"除了正儿八经在学校的时间, 其他时间基本上都不学"。

课堂上, 她坐不住, 数学课尤其听不进去。越往后学, 跟不上进度的感觉越强烈。

初一的时候, 她试过重新开始, 硬着头皮学。起初效果不错, 班主任也觉得她是个好苗子。可后来，她和留级的两个同学玩到一起，又将学习放到了一边。初三那年，姜雨荷没有参加中考。她觉得自己考不上，于是拿到毕业证就走了。

世界那么大，她想去外面闯荡，就和亲戚一起坐上了去东莞打工的车。

回去上学

到了东莞，姜雨荷才发现，这里虽然工厂多，但好一点的岗位普遍都要求高中及以上学历。为找工作，他们还遇到了不靠谱的中介，险些被骗。

最后，还是她自己去厂区一家家看，才进了一家电子厂，成为工厂流水线上的女工。上工的时候，她要重复一个固定动作：一只手从流水线上抓起五六个手机外壳，另一只手用海绵砂在边角上打磨抛光。10 秒左右就得换一把，一天要干十几个小时。

刚开始，姜雨荷觉得自己还能跟上速度。后来她才知道，那条流水线上，几十号人都是和她一样的新手。大家渐渐上手之后，她形容流水线的速度"快得要命"。头一个星期，干流水线的辛苦，转化成了切身的酸痛，早上醒来，"骨头都跟散了架一样"。一个月下来，工资也只有 4000 元。日子久了，她越发不甘心。自食其力的新鲜劲儿过了，工厂里的闲聊不再好笑，更多的是"满嘴跑火车"，对她没什么帮助。

流水线上的未来，她一眼就望得到头她说："我还这么年轻。"姜雨荷想要重新开始。

体面的工作仍然不好找，而这一次她告诉爸妈："我要回去上学，学一门技术。"

2018 年 3 月，姜雨荷结束了半年的打工生活，进了河南化院。

唯一的选手

恰当的选择，良好的机遇，常常是改变命运的两个必要条件。来到河南化院，姜雨荷正赶上了好时机。

那年，学校刚准备从头培养自己的职业技能参赛选手。之所以如此，是因为在这之前，半路介入、培养别人家的学生，效果并不理想。不仅短时间内很难提升选手的实操水平，外校选手和教练之间也缺乏足够的信任，沟通执行多有障碍。他们这才退回到竞赛选拔的起点，把愿意深入学习的学生选拔出来，成立培优班，再从培优班里选苗子。

不同于选拔运动员，他们看的不是骨骼天赋，而是有没有上进心，再考查动手能力、心理素质、体能水平。几轮筛选过后，20多名学生被选了出来，姜雨荷就是其中之一。

集训初期，姜雨荷的成绩排在中游，学得也挺吃力。

化学实验室技术，要用到很多仪器。做化学分析、实验测量、色谱分析，有很多细致的步骤。称量、萃取、分馏、加热，出手要快准稳，还要拿捏好时间，追求精准度。

教练王振峰以"称量"举例，少了0.1克，后续的测量就不准了。称量3次和10次才取准，又有不同。做化学滴定，读数更要精确到0.01毫升……技术含量，就体现在精准度上。精准是应用的要求。分析检验是科学研究和工农业生产的眼睛。"如果分析错误，可能导致企业生产出好几吨不合格的样品，那是浪费。如果环保检测不准确，原本合格的企业可能就要关闭整改。"王振峰解释，它要求从业者有扎实的理论基础和更高的技能水平。

比赛时，标准比这更高。一项最基础的任务做一两个小时，再正常不过。比赛历时3天，要做十几个小时的实验。

训练既苦又累，就有选手受不了，主动退出；要么就是在月度考核中，被动淘汰。参赛名额有限，竞争总是残酷的。到了2019年年底，校集训队只剩2名选手，姜雨荷占得一席。训练继续，这时仅有的2名选手里，另一个男生也放弃了。他是上一届比赛的选手，比新人姜雨荷训练时间更长，原本有望成为这一届比赛的主力，但他没能坚持下去。他告诉教练，自己要去找工作。于是，姜雨荷成了唯一的参赛选手。

"很多时候我觉得我能坚持下来，更多是出于一种责任心。如果我放弃了，谁再去做这件事情？"姜雨荷坦言。

成了唯一，姜雨荷的心理发生了奇妙的变化。教练王振峰看在眼里："那个男生走了以后，我明显感觉到她更自信了，敢发表自己的意见。"教练龚玉印也看到了姜雨荷的变化，之后的省赛，她的成绩一直领先，还能和第二名的选手拉开不小的分差。这个河南化院唯一的选手，又拿到中国队在该项目上唯一的参赛名额，去冲击世界技能大赛。

教练全力以赴

在夺冠之路上，不只是姜雨荷，她的三位教练也全力以赴。她一个人在实验室操作实训的日子里，教练们一直都在，给她出考题、做指导。

主教练贺攀科，是她眼中"无所不知"的人物。"我问过他的问题，他没有一个说不会、不懂，再难他都能查资料，找到答案，然后很明白地教给我。"姜雨荷说。

在生活上，哪怕做实训到下午1点多，教练也会等着她，或者帮忙带午饭回来。在那些难熬的苦训里，教练的陪伴和指导，也打消了姜雨荷想要放弃的念头。她不是一个人扛下来的。

准备全国赛的时候，三位教练给姜雨荷设计了很多新题，训练她的应变能力。

"出新题的过程我们自己也要去试，确定这道题能做了，再让她做。我们能想到的题目她都做过。"龚玉印说。后来参加世界技能大赛，遇到新题型，姜雨荷便能很快进入状态。

世界技能大赛的考题是用英文出的，参赛选手得先看懂题目，才能操作。而实验报告也要用英语写，这是世界大赛和国内比赛最明显的区别。对很多大学生来说，英语都是块难啃的骨头，更何况是初中毕业的姜雨荷。

当时，三位教练一起教她专业英语。为了让姜雨荷更早适应世界大赛，教练早早地把之前出的题，翻译成英文，让她去做；再把出现频率高的单词摘出来，让她去记。后来，正好学校竞赛办公室有老师留学归来，教练们就请她来教姜雨荷口语，让她从 26 个字母、音标开始学。

当然，更多时候，还得靠姜雨荷自己。英语是座大山，搬走它，没有捷径，要像愚公移山一样，一词一句去记，一步一个脚印。世界技能大赛特别赛上，她提交的英文实验报告长达 11 页。当时，姜雨荷看到，母语是英语的外国选手向她竖起了大拇指。

教练还把姜雨荷送到学校的合作单位上岗实习，在岗位上体验更真实的工作状态。这些用心安排的训练方法，让姜雨荷明白，自己该往哪里使劲儿。

是训练，更是教育

培养姜雨荷，学校投入了很多资源，但这份聚焦是纯粹的。龚玉印说，一开始，他们没想过只用一届的时间，就把奖牌选手培养出来，他们想的只是"放长线""先打基础""摸着石头过河"，然后姜雨荷出现了。

终点处的奖牌意味着什么呢？回头去看，过程中体现的细节颇显可贵。它让姜雨荷和教练的关系，不只停留在技术层面的"训练"。比赛虽是目标，但培养的过程，回归了"教育"。

在这个过程中，有传统的题海战术。但另一边，在技工学校的大环境当中，他们通过选拔赛手，营造出带有"精英教育"色彩的局部气候：它要求更高，覆盖的学生数量很少，但资源丰富，个性化和目的性更明确。

"但是你反观这个体系，确实有它的好处，一个人经历层层的选拔后，其个人能力、心理素质会发生由量变到质变的成长。"王振峰引着我去看，和受训的学妹站在一起，年龄相仿的姜雨荷，显然更像个老师。

姜雨荷更自信了，这是王振峰和龚玉印几次提到的一个变化，而不自信，是很多技校生的共性。当然，对姜雨荷来说，自信也不是偶然出现的，而是一点点被唤醒的。起初，姜雨荷还不会解一元一次方程，但王振峰从头教起，发现她一点就透。教练就夸她，而信心就是在无数被鼓励、被认可的瞬间培养出来的。在比赛中赢得名次，是更显著的认可。持续积极的反馈，也会让她相信，只要花点心思，踮脚够一够，就能摘到金苹果。

有人问过姜雨荷，当初为什么愿意进河南化院的培优班。这个姑娘其实想得极其简单，培优班管饭，"我就是奔那顿饭去的"——这是姜雨荷真实又可爱的一面。

但后来就不一样了。"学校花这么大精力，三位老师培养一个学生，她确实也觉得这是一个很好的机会，她自己会花心思，后边就能明显感觉到她进步很快。"王振峰说。

金牌之外，过去十多年间，也许从未有人如此细致、持续地关注她、指导她、鼓励她、认可她。

这个姑娘让我们看见，即便处在一个不高的起点，绕了点远路，但只要融入一个适合自己的教育环境，仍然可以改写命运。

不要让篮子空着

赵 云

沙滩上撒满了闪光的贝壳,像是掉了一地的繁星。

那孩子拾起一个贝壳看看,随手就把它丢弃。他已经寻找了一个下午,始终没有找到他心目中那最美丽、最稀罕的贝壳。

夕阳把海和天渲染成一片深深的紫。他的友伴们快乐地哼着歌儿,提着满满一篮子贝壳。只有他仍孤独地拖着长长的影子,在海滩上茫然地找寻。海浪喧哗着卷上来,洗去了印在沙上的小小足迹,他手中的篮子仍然空着。

这是小时候听到过的故事,已记不清孩子们捡拾的到底是贝壳还是别的。但这故事蕴含的哲理却常常使我深思,那孩子心目中最美丽、最稀罕的贝壳,象征着人们心中一个悬空的目标。在人生的海滩上,晶莹璀璨的贝壳所眩惑,我们将如那孩子一样,无视于海滩上闪亮如繁星的贝壳,也失去了捡拾贝壳过程中的乐趣。

当别人快乐地哼着生命之歌,提着充实的篮子走向归途时,那一心向往着要去找到最完美贝壳的人,将怅惘地提着空的篮子,拖着长长的身影,在夕阳中孤独地寻找。

一位心理学家在他的人格发展学说中,认为人们在五十岁左右,将会回

149

首检视已走过的人生，如果在过去的发展阶段得不到满足，他将对这一生感到失望，往前看去，已经时不我待，颇有不堪回首的意味了。从其他方面来看也是如此，散布在我们四周的贝壳也许不是最完美、最珍贵的，但它们是实在的。经过了细细地挑选，捡起来，在海水中把它洗得闪闪发亮，然后轻轻地放进篮子，一点一点地装满，内心的愉悦和满足也随着一点一点地升起。

假如一心一意，只想着要找到"最完美"的贝壳，等到夕阳西下，海浪冲去了印在沙滩上的足迹，回首再视手中的篮子，也许会失望地发现，篮子仍然空着。

向你的梦想鞠躬

刘继荣

一

我曾在暑期吉他班里，替朋友客串了半个月的老师。点名的时候，竟有个拘谨的中年女人答"到"。我吃了一惊，按她的年龄和衣着，应该出现在小区的秧歌队或者公园的健身操行列才对。可是她却怀抱着吉他，坐在一群青春飞扬的少年中间。

少年们纤柔的手指如得宠的精灵，弹拨扫按，轻松洒脱，很快就会弹简单的曲子了。而她的手枯瘦粗糙，显得极为僵硬。一个星期过去了，她还在笨拙地练习爬格子。

起先，我还担心会有同学笑话她。可大家看上去都特别尊重她，包括那些学生的家长，对她也很客气，我不禁有些诧异。在课程将要结束的时候，我终于从学生口中知道了她的故事。

5岁那年，她爱上了小朋友家的钢琴，向来乖巧的孩子大哭大闹起来。家境虽清寒，可她也是父母的小公主。父亲答应，在她15岁时一定送她一架钢琴。她总怕父母忘记，于是，每个生日都撒着娇，要他们承诺了再承诺。可真的快到15岁时，她才终于明白，父母肩上的担子太沉了，老老小小一大家人，都靠他们的肩膀撑着呢。

15岁那天，点燃蜡烛后，父亲与母亲对视着，有些欲言又止的尴尬。懂事的她掏出一把口琴，笑着吹起了《生日快乐》。弟弟妹妹们抢着吃蛋糕，简陋的屋子里满是笑声。她握着口琴，感觉这就是自己的钢琴，只不过变小了，很乖地贴在掌心。

初中毕业后，她在一家火锅城做了服务员。天天忙到深夜，腿和脚都肿了，头发里全是火锅的味道。可想到自己能减轻父母的负担了，还能慢慢攒起买钢琴的钱，她的心便成了琴键，"叮叮咚咚"地响起一些小小的快乐。

二

婚后，丈夫深爱善解人意的她，也为她的梦想动容。他轻轻对她说："相信我，再过3年，我们一定会有钢琴的。"她摇摇头："不，我们还是先买车吧。"丈夫是开出租车的，一直梦想能有辆自己的车。

丈夫为她买了许多钢琴曲的磁带，只要走进小小的家，就会有她爱的音乐。她在音乐声里做家务，在音乐声里给丈夫发短信，叮嘱他开车要小心。连小小的儿子，听见钢琴曲也会手舞足蹈。看着陶醉的儿子，她心里有一种幸福的痛惜。她辞掉服务员的工作，去一个菜市场工作。工作虽苦，可挣得也比从前多。

菜市场里，流行歌曲唱得热热闹闹。她的耳朵，捕捉着各种伴奏的乐器声。每一样都是好的，若遇见钢琴声，就像遇见老朋友一般，脸上会浮出笑容。心里有幸福的人，才会有那样会心的微笑。

儿子上小学了，就在他们喜气洋洋去选钢琴时，老家的舅舅打来电话，说他的小女儿腿部得了病，没钱做手术。全家一致同意，将两代人的梦想，移植到那个16岁的女孩腿上。那个花季少女，也应该有许多水晶般的梦想吧。

这时候，两家的老人也渐渐成了医院的常客。他们夫妻都是家中的老大，照顾老人、帮助弟妹，所有的担子一股脑地压过来，日子一直过得忙忙碌碌。不知不觉间，儿子已上了高中。那是个争气的孩子，每学期都拿一等奖学金。

可是，她的手开始莫名地痛。拖了很久才做检查，诊断结果是类风湿性关节炎，指关节已经僵硬变形。吃药、理疗，效果都不太明显，每天早晨都痛到痉挛。儿子用奖学金为她买了一把吉他。他说："妈，你先试试这个，活动活动手指。等以后，我给你买钢琴。"

丈夫为她报了这个暑期班，于是，她抱着吉他来了。她笑呵呵地说："从口琴到吉他，我离钢琴又近了一步。"

三

我转头凝视着我的学生——她正在专注地弹练习曲，每个音符都弹得很认真。

结业的那天早晨，她也上台表演。尽管她平时练得很熟了，可彼时那些调皮的音符，显然不想听命于那双痉挛的手。一首简单的曲子，她弹得艰难无比，额上都沁出了汗。我心里默默地想：她的手，一定很痛吧。

同学们在台下轻轻为她伴唱："你已归来，我忧愁消散，让我忘记，你已漂泊多年，让我深信，你爱我像从前，多年以前，多年以前……"我怔住了，我从未听过这样动人的合唱。

生硬艰涩的弹奏，渐渐变得柔和动人。我端详着这个 42 岁的学生：她的唇微抿，面容安静如水，眼睛里有淡淡的光辉。这是我所见过的，最执着地爱着音乐的人，一个值得尊敬的人。

一曲终了，所有的少年都起立，长时间热烈地鼓掌，大家轮流上前拥抱她，像拥抱自己的母亲。我也静静地站起来，向这位大我 19 岁的学生，深深地鞠了一躬。

　　她是个普通人，既懂得抗争，又懂得妥协，她享受音乐带来的快乐，却从不回避生活的责任。她乐观地活着，什么都不抱怨，她活出了独立的生命个体特有的精彩。

肆

遇见更好
的自己

弱点就是你的潜力

连 岳

书看完就忘，怎么办？有人沮丧地问。

没事儿，我看完也会忘，每个人都会忘。如果这本书足够重要，你就会不停地看。一些重要的书，从年轻时开始，我看了十多遍，仍然把它们放在手边，以备随时重读与检索，而且每次看都会有新的收获，这就是经典的力量。从某种程度上说，遗忘是学习之友，正因为有遗忘，才有重读。而重读不是简单的重复，你带着新阅历、新思维，重读又成了初读。在这一遍遍的重复中，知识会渗入你的血脉，重组你的文化基因。所谓的"学而时习之"，就是这个意思。

村上春树在谈跑步时，曾说自己是易胖体质，没吃多，却不知不觉就胖起来，而他太太不管吃多少，不做运动也根本不会发胖。他觉得人生真不公平，一些人不努力便得不到的东西，有些人无须努力也唾手可得。后来，他找到了答案：易胖体质或许是一种幸运，这样一来，为了不增加体重，就不得不留意饮食，有所节制，同时还养成了运动的习惯，变得自律、健康，延缓了衰老；而不易胖的人，不做这些努力，自然也得不到这些好处。

所以，身处不利境地时，若只着眼于它打乱了自己的平静与舒适，当然会沮丧与抱怨。可是，它也激发了你的潜力，让你获得了新技能，这样一想，可能就会更多地看到希望与动力。同理，正因为人类会遗忘，我们的祖先才发明了文字，把事情写下来，就不再遗忘。

应该将学习理解为一种人生重要的仪式，开始了就不会结束。只要保持这个习惯，你就会增加额外的力量。

困顿人生的一颗解药

蒋 勋

释放生命的拘谨和压抑

李白的《将进酒》是大家很喜欢读的一首诗，这个名字本身就非常浪漫，意思是，把酒喝干了吧。

"君不见黄河之水天上来，奔流到海不复回。""天上来"是讲黄河的上游，"到海不复回"是讲黄河的下游，这幅巨大的画面象征着空间的辽阔和无限性。

接下来他说："君不见高堂明镜悲白发，朝如青丝暮成雪。"老年的母亲在镜子里看到自己头上的白发，就感叹头发早上还是黑色的，怎么黄昏时就变成白色的了，这里他在讲时间的飞逝。

李白通过这两个句子告诉我们，你以这么短暂的生命，怎么去追求无限的空间？用有限去追求无限就会是永远的感伤和无奈。于是，他说："天生我材必有用，千金散尽还复来。"

李白的诗里最美的字是"我"。儒家学说往往教人谦虚、谦卑，尽量不要谈"我"，可李白总是在讲"我"。他觉得生命里很重要的一点是找到"我"的自信，找到对自己生命的肯定。

"天生我材必有用"，是说我既然在天地之间生长出来，一定有我存在的意义和价值，我觉得这是很自信的一种口气。年轻人一定会喜欢李白，因为他是年轻的，是青春的。

我们小时候，父母总是让我们节俭，要我们朴素。可是李白讲"千金散尽还复来"。他说，不要那么计较，不要那么在意千金，你一下子把钱花掉，它还会再回来的。这绝对不是儒家会鼓励的事情。

这样的挥霍其实有一种过瘾，有一种草原民族的豪迈。

《将进酒》透露出李白非常鲜明的个性，也让我们百读不厌，其中有一种豁达和豪迈。每次在生命受压抑时，读读李白的诗，你就会忽然觉得可以让自己放开。

纾解没有活出来的自己

"古来圣贤皆寂寞，惟有饮者留其名。"儒家认为人要活得有分寸，活得规规矩矩，最后成圣成贤，也就是今天我们所说的那些德高望重的人。

李白觉得，生命这么短暂，我们应该去追求自己爱做的事。我常常会想，为什么在我们的正统教育里，有时候不那么敢介绍李白？

如果李白是我们的小学老师或中学老师，我相信他会问所有的学生："你们最想做什么事？如果生命只有一次，你们想用来做什么？"

李白的叛逆其实非常有趣，他有一点儿颠覆正统教育。在正统教育中，我们要遵循同一种模式，去考试，去拿学位，而这些可能并不是我们心里真正想要的东西。

我们总是在为很多人活着，为父母活着，为老师活着……可是李白会问你自己最想活出的样子，可能是玩滑板，可能是飙车，也可能是其他。李白最大的愿望并不是去考试、做官，而是活出他自己。

但我们在现实生活中常常是做不到的。很多人之所以喜欢李白，也许是因为在现实生活中受到太多的压抑和委屈，他们想借着李白的诗去纾解没有活出来的自己。

但李白怎么可能这么豪迈，这么不受局限呢？他的"五花马千金裘，呼儿将出换美酒，与尔同销万古愁"中，"五花马"是他骑的那匹骏马，"千金裘"是非常昂贵的貂皮大衣。

他因为喝酒喝得没钱了，可还要很江湖义气地请朋友喝酒。于是，他就说："我今天就把我的马和貂皮大衣当了换美酒，跟你好好喝一次，把所有的烦恼都忘掉。"

假如李白是我的朋友，我会很喜欢他。我们不要把他误认为酒肉朋友，他的酒肉中有一种对人的深情，他身上有很多江湖游侠的个性，有那种我们已经不太容易看到的豪迈义气，也就是所谓的侠客精神。

我不喜欢拘泥于文字的诗人，我相信诗人并不只是写诗的人，而是通过诗将生命活出来的人。他们留下的诗句，总能帮助人把生命从拘谨和压抑中完全打开。

困顿人生里的心灵悠闲

有人认为《蜀道难》是写唐玄宗逃难到四川的故事，"问君西游何时还"，就好像问唐玄宗："你到西边来，什么时候回去啊？"

我不喜欢这种解读。一首诗有不同的层次，虽然这种解读是最通行的，但我觉得李白不是在关心现实，而是在描述生命的流浪与自我放逐。

在他的诗中，生命从人的世界出走到自然的世界，有一种孤独感。我更愿意相信李白是在问自己，这样的流浪、这样的彷徨什么时候会结束，什么时候才能找回自己。这是一种对内心世界的叩问。

我不希望在解读这首诗时，离开李白对自然的描述。李白不应该是那种纠缠于琐碎事情的人。当然，历史上，他曾被小人陷害，可我总觉得他那么潇洒，也许在爬山时就会忘掉这些。

在旅途当中读李白的诗会获得极大的愉悦，在自我流浪的过程中，会体验到"但见悲鸟号古木，雄飞雌从绕林间"所描写的自然世界中苍老的古木和鸟凄厉的叫声。我一直觉得教会我读李白的不是学校，而是山水。

李白的贵游文学不俗气，因为他有一种"停杯投箸不能食，拔剑四顾心茫然"的荒凉感，会在拥有人世间最大的繁华时选择出走。李白会令我们想到悉达多太子，他即使拥有最华丽的宫殿与最美丽的妃子，也还是会出走。

"欲渡黄河冰塞川"，讲的是生命的茫然。拔剑四顾，要到哪里去呢？往北走吧，想渡过黄河，可是黄河已经结冰。那么往西走吧，"将登太行雪满山"，想爬过太行山，可是满山都是大雪，似乎生命当中都是阻碍，都是困顿。

李白会怎么面对呢？他用调侃的方式给了自己一个解放——"闲来垂钓碧溪上"，不要这么悲壮，把生命看得悠闲一点儿，就拿着钓鱼钩，在小溪边钓鱼吧。

"忽复乘舟梦日边"，钓着钓着累了，睡着了，梦到自己坐着船到了太阳的旁边。这是李白的浪漫。在无法解决现实中的阻碍与困顿时，他会做梦，用梦把自己带到另一个美丽的世界。

人活着，现实的人生如此艰难，每一步走下去都可能是歧路，每一步走下去都可能是困顿，每一步走下去都可能是挫折。

李白觉得他仅有的快乐是在酒中与梦中，一回到现实人生，他就觉得到处都是陷阱。即使身处繁华，他心里也是荒凉的。

"行路难，行路难，多歧路，今安在？长风破浪会有时，直挂云帆济沧海。"但他很少悲哀到底，他会给生命一个巨大的希望，这是李白内在世界的向往。

　　"会有时"是说要有一个机遇。李白的诗里有一种豪迈之气，因为他一直没有放弃对大空间的向往。对海洋的向往，对破浪的向往，对太阳的向往，是他生命的主调。

　　但在现实中，他时常陷入困顿，想出走又无处可去，似乎走到哪里人生都是这样困顿，只好回来寻找心灵的悠闲。

人生就是与困境周旋

史铁生

开场白

坐在这个位置上的本该是位大夫，可现在却是个病人，一个资深病人。我是以一个老牌病人的身份，跟各位交流一下生病的体会，所以我只能保证以毫不隐瞒的态度来说说我自己的经验，看看有没有什么可以让各位借鉴的东西。这个开场白有两个目的：一是请各位不要对我抱太大希望；二是我自己先给自己减轻一下负担。我写作的时候，也总是先给自己减去负担，劝自己：别去想这一回能写得多好，能够在哪儿发表，甚至得一个什么奖，这一回只当是闲来无事自己跟自己说说话，写一篇"废品"吧。这样劝过自己心里就比较轻松。

困境不可能被消灭

同是生活在这个世界上，谁的生活中都难免有些艰难，谁心里都难免有些苦恼和困惑。甚至可以这样说，艰难和困惑就是生命本身，这是与生俱来的，甚至终生不能消灭的，否则人生岂不就太简单了？

设想一下，要是有一天生活中的困难都被消灭干净了，人生实在也就没什么意思了；就像下棋，什么困阻都没有你可还下的什么劲儿？内心世界比外部世界要复杂得多，认识内心世界比认识外部世界要困难得多。心理的问题浩瀚无边，别指望一蹴而就即可解决所有我们心里的迷惑。那么指望什么呢？我想，人们能够坐在一起敞开心扉，坦诚地说一说我们的困惑，大胆地看一看平时不敢触动的心灵的某些角落，这就是最好的办法。心里的困惑存在一天，这办法就不会过时。就是说，一切具体的心理治疗方法，都要由这样的开端来引出。自我封闭，是心理治疗的最大障碍。

与人交流达到新境界

困境不可能没有，艰难不可能彻底消灭，但是人与人之间的交流、沟通、宣泄与倾听，却可能使人获得一种新的生活态度，或说达到一种新境界。什么新境界？我先讲个童话《小号手的故事》。战争结束了，有个年轻号手最后离开战场回家。他日夜思念着他的未婚妻，可是，等他回到家乡，却听说未婚妻已同别人结婚；因为家乡早已流传着他战死沙场的消息。年轻号手痛苦之极，便离开家乡，四处漂泊。孤独的路上，陪伴他的只有那把小号，他便吹响小号，号声凄婉悲凉。有一天，他走到一个国家，国王听见了他的号声，叫人把他唤来，问："你的号声为什么这样哀伤？"号手便把自己的故事讲给国王。国王听了非常同情……看到这儿我就要放下了，心说又是个老掉牙的故事，接下来无非是国王很喜欢这个年轻号手，而且看他才智不俗，就把女儿嫁给了他，最后呢，肯定是他与公主白头偕老，过着幸福的生活。

可是我猜错了，这个故事不同凡响的地方就在于它的结尾。这个国王不落俗套……他下了一道命令，请全国的人都来听这号手讲他自己的身世，让所有的人都来听那号声中的哀伤。日复一日，年轻人不断地讲，人们不断地听，只要那号声一响，人们便来围拢他，默默地听。这样，不知从什么时候，他的号声已经不再那么低沉、凄凉了。又不知从什么时候起，那号声开始变得欢快、嘹亮，变得生气勃勃了。

所谓新境界，我想至少有方面。一是认识了爱的重要；二是困境不可能没有，最终能够抵挡它的是人间的爱愿。什么是爱愿呢？是那个国王把自己的女儿嫁给小号手呢，还是告诉他，困境是永恒的，只有镇静地面对它？应该说都是，但前一种是暂时的输血，后一种是帮你恢复起自己的造血能力。后者是根本的救助，它不求一时的快慰和满足，也不相信因为好运降临从此困境就不会再找到你，它是说：困境来了，大家跟你在一起，但谁也不能让困境消灭，每个人必须自己鼓起勇气，镇静地面对它。

人生困境不可根除，这样的认识才算得上勇敢，这勇敢使人有了一种智慧，即不再寄希望于命运的全面优待，而是倚重了人间的爱愿。爱愿，并不只是物质的捐赠，重要的是相互心灵的沟通、了解，相互精神的支持、信任，一同探讨我们的问题。

新境界的另一方面就是镇静，就是能够镇静地对待困境，不再恐慌了。别总想着逃避困境，你恨它、怨它，跟它讲理，其实都是想逃避它。可是困境所以是困境，就在于它不讲理，它不管不顾、大摇大摆地就来了，就找到了你头上，你怎么讨厌它也没用，你怎么劝它一边儿去它也不听，你要老是执著地想逃避它，结果只能是助纣为虐，在它对你的折磨之上又增加了一份自己对自己的折磨罢了。

我敬重我的病

有一回，有个记者问我：你对你的病是什么态度？我想了半天也找不出一个恰当的词，好像说什么也不对，说什么也没用。最后我说：是敬重。这绝不是说我多么喜欢它，但是你说什么呢？讨厌它吗？恨它吗？求求它快滚蛋？一点用也没有，除了自讨没趣，就是自寻烦恼。但你要是敬重它，把它看作是一个强大的对手，是命运对你的锤炼，就像是个九段高手点名要跟你下一盘棋，这虽然有点无可奈何的味道，但你却能从中获益，你很可能就从中增添了智慧：比如说逼着你把生命的意义看得明白。一边是自寻烦恼，一边是增添智慧，选择什么不是明摆着的吗？

所以，对困境先要对它说"是"，接纳它，然后试试跟它周旋，输了也是赢。再比如说死亡，你一听见它就着急、生气、发慌，它肯定就会以更加狰狞的面目来找你了；你要是镇静地看它呢，它其实也平常。死，什么样儿？就像你没出生时那样儿呗。

死，不过是在你活着的时候吓唬吓唬你，谁想它想得发抖了，谁就输了；谁想它想到坦然镇定了，谁就赢了。当然不能骗自己，其实这件事你想骗也骗不了。但要是你先就对它说"不"，固执地对它说"不"，其实所有的困境，包括死，都是借助你自己的这种恐慌来伤害你的。

死对我曾是诱惑

在我双腿瘫痪的时候，以及双肾失灵的时候，有人劝我："要乐观些，你看生活多么美好呀！"我心里说，玩儿去吧，病又没得在你身上，你有什么不乐观的？那时候，尤其是 21 岁双腿瘫痪的时候，我可是没发现什么生命的诱惑。我想的是，我要是不能再站起来跑，就算是能磨磨蹭蹭地走，我也不想再活了。那时候，我整天用目光在病房的天花板上写两个字，一个是肿瘤的"瘤"（因为大夫说，要是肿瘤就比较好办，否则就得准备以轮椅代步了），另一个字是"死"；我祈祷把这两个字写到千遍万遍或许就能成真，不管是肿瘤还是死，都好。我想我只能接受这两种结果。到后来，现实是越来越不像肿瘤了，那时我就只写一个字了："死。"

但我为什么迟迟没有去实施呢？那可不是出于什么诱惑，那时候对我最具诱惑的就是死；每天夜里醒来，都想，就这么死了多好！每天早晨醒来，都很沮丧，心说我怎么又活过来了？我所以没有去死，绝不是生的诱惑，而是死的耽搁，是死期的延缓，缓期执行吧。是什么使我要缓期执行呢？是亲情和友情，是爱。

困境使我知命

那时候我也还是不大想活，希望能有一个自然的死亡。但是死亡一经耽搁，你不免就进入了另一些事情，就像小河里的水慢慢丰盈了，你难免就顺水漂流，漂进大河里去了，四周的风景豁然开朗，心情不由得也就变了。终于有一天你又想到了死，心说算了吧，再试试，何苦前功尽弃呢？凭什么我非得输给你不可呢？这时候，你已经开始对死亡有一种幽默的态度了。

启发我的是卓别林的一部电影。女主人公要自杀，结果让卓别林把女主人公救了。她说："你为什么救我？你有什么权力不让我死？"卓别林的回答妙极了，令我终生不忘，他说："急什么？咱们早晚不都得死？"这是大师的态度，不悟透生死的人想不出这样的话，这里面不仅有着非凡的智慧，而且有着深沉的爱心。是说，这是困境，是我们谁也逃避不了的困境，但是，我们在一起，我们先一起来看看有没有什么别的办法。这就是爱！我就是靠了这种爱而耽搁和延缓了死亡的，然后才感到了生的诱惑。你要是说这爱就是生命的诱惑，也行。但那绝不是生理性生命的诱惑，而是精神性生命的诱惑，是生命意义的诱惑。不过，我觉得"诱惑"这个词并不算很贴切；"诱"字常常是指失去了把握自己的能力，"惑"呢，是迷茫的意思。所谓"四十而不惑"，大概就是说明白了生命的意义吧。所以，当终于有一天我不再想自杀的时候，生命不见得是向我投来了它的诱惑，而是向我敞开了它的魅力和意义。所以我说，对病，对死，对一切困境，最恰当的态度是敬重，它使我提前若干年"知命"了。

所谓"知命"，就是知道命运反正是不可能都遂人愿的，人呢？必然不能逃避困境，而是要正眼看它。你下棋吗？你打球吗？其实人生的一切事，都是与困境的周旋。

爱需要自己去建立

如果你觉得这仍然不够，你也可以一个人静静地思索，与天、与地、与上帝或与佛祖都谈谈，那样就能让你更清楚什么是生，什么是死。总之，千万别把自己封闭起来，你要强行使自己走出去，不光是身体走出屋子去，思想和心情也要走出去，走出一种牛角尖去，然后你肯定会发现别有洞天。我写过，地狱和天堂都在人间，地狱和天堂是人对生命及对他人的不同态度罢了。友谊、爱、以及敞开自己的心灵，是最好的医药。

但是，爱，或者友谊，不是一种熟食，买回来切切就能下酒了；爱和友谊，要你去建立，要你亲身投入进去，在你付出的同时你得到；在你付出的同时，你必定已经改换了一种心情，有了一种新的生活态度。

其实，人这一生能得到什么呢？只有过程，只有注满在这个过程中的心情。所以，一定要注满好心情。但你要是逃避困境——但困境可并不躲开你，你要是封闭自己，你要总是整天看什么都不顺眼，你要是不在爱和友谊之中，而是在愁恨交加之中，你想你能有什么好心情呢？其实，爱、友谊、快乐，都是一种智慧。

重要的是自己强大起来

蒋光宇

一位搏击高手参加锦标赛，自以为稳操胜券，一定可以夺得冠军。

出乎意料的是，在最后的决赛中，他遇到了一个实力相当的对手，双方竭尽全力出招攻击。当对打到了中途，搏击高手意识到，自己竟然找不到对方招式中的破绽，而对方的攻击却往往能够突破自己防守中的漏洞。

比赛的结果可想而知，搏击高手惨败在对方手下，也失去了冠军的奖杯。

他愤愤不平地找到自己的师父，一招一式地将对方和他搏击的过程，再次演练给师父看，并请求师父帮他找出对方招式中的破绽。他决心根据这些破绽，苦练出足以攻克对方的新招，决心在下次比赛时，打倒对方，夺回冠军的奖杯。

师父笑而不语，在地上画了一条线，要他在不能擦掉这条线的情况下，设法让这条线变短。

搏击高手百思不得其解，怎么会有像师父所说的办法，能使地上的线变短呢？最后，他无可奈何地放弃了思考，转向师父请教。

师父在原先那道线的旁边，又画了一道更长的线。两者相比较，原先的那道线，看来变得短了许多。

　　师父开口道："夺得冠军的关键，不仅仅在于如何攻击对方的弱点，正如地上的长短线一样，只有你自己变得更强，对方就如原先的那条线一样，也就在相比之下变得较短了。如何使自己更强，才是你需要苦练的根本。"

　　在夺取成功的道路上，在夺取冠军的道路上，有无数的坎坷与障碍需要我们去跨越、去征服。人们通常走的有两条路：

　　一条路是侧重攻击对手的薄弱环节。正如故事中的那位搏击高手，欲找出对方破绽，给予致命的一击，用最直接、最锐利的技术或技巧，快速解决问题。

　　另一条路是全面增强自身实力。就是故事中那位师父所提供的方法，更注重在人格上、在知识上、在智慧上、在实力上使自己加倍地成长，变得更加成熟，变得更加强大，使许多问题不攻自破，迎刃而解。

父亲的高考

德川咪咪

他的大学梦

1977年，教育部决定恢复高校招生统一考试制度。那一年，我父亲22岁，已经当了4年搬运工，因工作勤奋、表现良好，被提拔为司机。这份工作比搬运工轻松很多，出车结束后大家还会结伴去游泳。

有一回游泳的时候，另一个司机告诉父亲，他们工厂有个女工的哥哥参加了当年的高考，并被复旦大学录取了。

30年以后，在我的选课书上，父亲指着"复旦大学名师×××"这行字说："也许就是从听说他考进复旦的那一刻起，我就想着要去考大学了。"

那个时候，考大学这条路并不好走。我爷爷很年轻的时候就因肝癌去世了，奶奶为了抚养家中3个孩子，白天在商店做营业员，晚上就着昏暗的灯光做缝纫补贴家用。家境艰难，甚至时常温饱堪忧。

父亲有两个妹妹，我的大姑姑去了崇明，小姑姑还在中学念书。

他只能把大学梦深埋在心底。1978年，即恢复高考的第二年，又有两个同事分别考上了复旦和同济，离开了工厂。告别宴上，考进同济大学的同事告诉我父亲，国家对于非应届考生有政策照顾，只要工龄满5年，就能够带薪读书。

到 1978 年 10 月，我父亲的工龄正好满 5 年。"就这样，再也没有什么理由能阻止我去考大学了。"

下决心迎考时，天还很热，蝉鸣如涛，福州路的人浪却甚于这滚滚热浪。"高考资料一到书店就会被一抢而空，考的人太多了。"为了买到《高考大纲》，他排了两个小时的队。

父亲买到教材翻开以后，仿佛一桶凉水浇了下来。"考纲里列出的数学考试范围从四则运算一直到数列，我没上过高中，看数学，就像看天书一样。"

但父亲不想放弃，拿到考纲之后他就开始制订复习计划。那时候家里只有一套范文澜所著的《中国通史简编》，他就从这套《中国通史简编》开始看起。直到 1979 年春节，书店里的高考资料开始多了起来，他才买到正规的复习资料。

忠于自己

他开始全身心投入复习迎考。傍晚 5 点，工厂下班，他便直奔上海图书馆，一直学习到图书馆关门。回到家以后，还要继续学习到第二天凌晨。

当时父亲一家住在太仓路。我从未见过那个仅 6 平方米的亭子间，但它一直存在于家族的传说中：屋子里灯光昏暗，奶奶经常坐在缝纫机前做工，还在读书的小姑姑则把洗衣板翻过来当成桌面，趴在床上做作业。没有写字台，父亲就把一高一矮两个五斗橱拼在一起，把书放在高的橱上，自己站在低的橱上，就这样站着看一晚书。

这样的复习他坚持了 5 个月，到 1979 年 3 月，国家取消了"工龄满 5 年可以带薪读书"的政策，改为颁发"职场助学金"。学费没了着落，大学梦再次遥远起来。那时，他已经被提拔到机关里"坐办公室"，在那个年代这是很多人都羡慕的工作。于是，他打算放弃高考。

复习停掉了。之后的两个多星期，突然空出大把时间，他却怅然若失。父亲想到自己已经努力了 5 个月却要放弃，总有点儿不甘心，后来再一想，即使被录取，读不读的决定权仍然在自己手里。

适逢 3 月，春暖花开，逐渐昼长夜短。他买了一张公园的月票，每天清晨 5 点到 7 点去晨读。

高考如期而至。1979 年 7 月，父亲向单位请了一个星期的假，搬去他的小学同学家中复习备考。

高考 3 天，酷暑难当，父亲几乎没合过眼。头两天，他顺利地考完了语文、数学、历史和地理，第二天晚上全身心地投入政治考试的复习中。那时，他的小学同学在菜市场上班，天不亮就要去卖菜。

7 月 9 日凌晨 4 点 30 分，同学从床上爬起来，看到父亲仍然在写字台前挑灯夜读，惊讶地问了一句："咦，你又一个晚上没睡觉吗？"父亲头也没抬地"嗯"了一声。同学也不再打扰他，起床后出门工作去了。清晨 5 点左右，天色还早，父亲扭头看到同学的床空着，便打算上床休息一会儿。

被幸运眷顾的人

不知道过了多久，父亲猛然从床上惊起，手表上显示的时间是 7 点 30 分，离开考只有半个小时了。前两天他都是乘 96 路公交车去考试的，周末早晨 7 点多车少人多，公交车还经常脱班，从住处到考场总共要花费 45 分钟左右。那时候没有自行车，更没有出租车。而高考的考场规则中规定：迟到 10 分钟者取消考试资格……他的大脑里"嗡"声一片，一瞬间不知道有多少想法掠过，最后只剩下一个信念：跑跑跑……他背上书包，狂奔下楼，准备穿过陕西路，沿着肇嘉浜路一路长跑去考场。"那一路简直是和时间赛跑，和命运赛跑，如果迟到了，那我的人生就不一样了。"

跑过一段路他才觉得有些异样，原来熙熙攘攘的大街上那天却空空荡荡。他才想起这天是周一。快跑到文化广场时，他听见身后有喇叭声。他回头一看，一辆 96 路公交车正慢慢地向他驶来。

"因为那天是周一，公交车放得多，开过来的是一辆脱班的 96 路车。那天人很少，路况特别顺，7 点 55 分就到了考场。现在想想简直太惊险了。如果不是周一，如果不是那辆公交车脱班，如果我多睡了 5 分钟，那就是长跑也没法按时到考场了。"

跳下车后，父亲看了看手表，离政治考试开考还有 5 分钟，大部分同学已经进了考场。刚才的一番波折让他"太狼狈了"，于是他没有急着进考场，而是在学校门口稍事休息，顺便看了一眼黑板报。

3 分钟后，考试的预备铃声响了起来，父亲走进考场。

谁知拿到政治考卷打开一看，刚才在黑板报上看到的那篇文章正好是考试的最后一道大题。父亲当时目瞪口呆，然后便欣喜若狂。"如果我自己去答的话，可能只能拿到一半的分数。我把刚才看到的那篇文章的内容写了进去，这道题目就答得非常完满了。"就这样，政治考试顺利地结束了。

在 1979 年的高考中，他的政治考了 84 分，总分 347 分，高出复旦大学录取分数线 41 分。就这样，父亲考进复旦大学，成为 1979 年复旦大学中文系 58 个学生中的一个。

读书与你们自己

阿忆博士

读适合你的书

如果你的专业不是文学，你大可不必去读那些被称为名著的书。对一个普通的爱书者，他不必认为读某部书是"必要的"。许多名著对于普通人来说是沉闷而拖泥带水的，如果你看十八世纪的书，其中会有大段大段的道德说教，而十九世纪的名著里充斥着毫无意义的景物描写，你尽可以跳读，甚至因为这些原因干脆不去读整部书。不要由于看不进去这类书而怀疑自己，大多数时候这都不是你的错。有些作品是由于它的作者出名，被选进了文集。

总之，你和适合你的作品应该是一见钟情，这种钟情不要受社会意见的左右。许多名人和名著是社会的、历史的产物，但不必是你个人必须欣赏的。你个人的原则应该是率性而读，你的阅读应该带给你最大的快乐，让你看了第一段，如果不看第二段就会当场憋死。

此外，人的年龄与接纳性有着极大的关系，这就像河水的发展，在上游它是涓涓细流，而它的中下游会越来越易于囊括更为广大的东西；也像树的枝头，每一时刻它都在寻找高于现在的高度。

一岁读一部书

不要认为一岁读一部书这个目标太低了。如果你能活70岁，你将读70部书！你可以随便找一位朋友，让他开一个读书清单，你会发现，他列不出70部。

10岁以前，你不可能一年读一部书，那时损失的10部要在中学或大学时代补上，这意味着学生时代你将每年多读2至3本书。这并不算多，因为这恰是你读书的季节。困难的是，30岁以后，当你从事与书关系不大的工作时，你还能不能一岁读一部书？如果不能，你将是一个因精神世界贫乏而未老先衰的人。

对于少数爱书如命的人，一年只读一部书又是一个忠告，在信息时代，一年读许多书的人，无疑将会显得呆头呆脑，因为他在这个时代必须应付的许多事，都由于滥读而贻误了。在今天，读书破万卷的人，下笔定无神。这个时代有更多的方法带给我们欢乐，读书已从求知和娱乐的主导地位，降低到与影视、广播、磁带、唱盘、报刊、旅游同等的地位。青年时期读书不必贪多，以求得更广泛地融入生活之中。中年以后不要放弃读书，它可以保持浪漫、天真、年轻、清醒。

保持你的书橱

英国作家阿斯查姆在《校长》一书中，记述了他最后一次拜访简·格雷夫人的情景。那天，格雷夫人坐在窗子旁，正在阅读苏格拉底关于死亡的精彩篇章。当时，她的父母正在远处花园里游猎，犬声相吠，喊声越窗而入。作家见她不随家人出猎而独自倚窗读书，便惊讶不已，但格雷夫人说："他们在花园里得到的全部快乐，远远不及我在柏拉图的书中得到的多。"（苏格拉底的言行全部记载于他的学生柏拉图的书中。）

　　书籍就是这样一种奇幻的东西，如果你能在印刷品时代日渐远去的时候，在你的房间保持一套书橱，你将把持住明洁的性情，因为读书比任何一种愉悦的方式更需要心智的宁静，也更能带给你安详。在越来越躁动的世界里，书籍会给你一个栖息地，它是另一个世界，收藏着许多人、许多时代、许多地域的传奇。它所赋予你的思想远比现实生活赋予你的更为生动，正如湖水里反射的湖光山色总是比真实的湖光山色更加美丽迷人一样。

打拼的当下就是幸福

吴若权

结束十几年的业务生涯，他改行卖咖啡。之前他也尝试做过早餐店的生意，但因为热爱咖啡，常以"咖啡会友"的方式结交到许多好朋友，大家都鼓励他出来卖咖啡。

当时，市面上很盛行将小货车改装成行动咖啡馆，他却有独到的创意——将自行车改装为可以载着煮咖啡用具到处跑的摊子，游走在都会的公园以及各大风景区。双休日更是上山下海，跑遍休闲热门去处。开业半年，平均每个月的收入是一般上班族的6—8倍，让很多想要创业的上班族称羡不已。这是我受邀到电视节目担任创业顾问的真实个案。

主持人问他："这个摊子的造价成本多少？"

他说："现在有人要加盟，我开出的订价并不高。但实际上，在固定成今天的规格之前，我已经制作过很多个不同尺寸的摊架，经过不断毁弃、修改、重做，才变成现在你看到的样子。"

听到有人想要加盟，我慎重地向他请教："如果已经有数十个人加盟，你可以在家里躺着数钞票时，还会出来卖咖啡吗？"他认真地回答："当然要啊，这是我最喜欢的工作。而且，一定要继续卖咖啡，才能在第一线接触消费者，了解他们的需求。"

看他煮咖啡时的眼神，我就可以感受到他的热忱。冲煮的过程中，他诚恳而专心地注视咖啡及水壶，仿佛在对它们说："乖，好香哦！你一定要展现最好的味道喔，大家都好喜欢你。"

录像现场的另一个案，同样是年轻有成的创业家。在世俗的眼光中，他的成就更胜一筹。年纪轻轻，已经拥有一个餐饮连锁体系，价值上亿。

他提到艰辛奋斗的过程，即使工作中操作机器时常有皮肉伤，也得咬牙撑下去。那些汗水和泪水交织的岁月，如今已经成为记忆中光辉的一页，让西装革履的他拿来勉励所有想要加盟的人，好像在说："加油啊！你也可以跟我一样成功！"主持人问他："你要辛苦到什么时候？"他不假思索地说："我要在岁退休。"主持人追问他："退休之后做什么？"他很快地回答："环游世界！"

节目录像结束之前，作结语的时候，我对他们各自的成就表达了由衷的敬意。但离开摄影棚之后，骑自行车卖咖啡的小老板，却在我心中浮现"很幸福"的模样——因为，他是真心喜欢自己目前所做的事，并且引以为豪。他不必等到几年后赚了大钱，才开始享受他的人生。在我眼中，他才是真正的人生创业家。

他按照自己的方式工作，而工作就是他生活的一部分，也是乐趣的来源。他的工作方式很辛苦，但他不以为意。创业的经典书籍，都教人要建立一个赚钱的系统，然后用那个系统帮你赚钱。一般人想到的，就是开一家公司，然后找优秀的人进来，帮你赚钱。但他却反其道而行——他，自己就是那套系统的一部分，并且和他的脚踏车融为一体。

我确定，他会比较辛苦，也比较不容易一夕致富。但是，我更确定的是，他在打拼的过程中，已经享受到真正的幸福，不必等到财富累积到某种程度，才会开始感到满足。

无论是学生、上班族或企业家，常把"忍受阶段性痛苦"和"只求将来可以解脱"当作生活必然的逻辑。但事实证明，往往天不遂人愿，许多人大半辈子都在吃苦，终其一生却没有能够尝到甜头，日子就在永无止境的怨叹中溜走。

我们从小被教育的观念，都是"苦尽甘来"，话虽没错，但若把"先吃苦"当成"后享受"的策略，即使后来真的有所享受，也不会快乐。不如学会用另一种乐观的态度看待吃苦的过程，在耕耘的同时，就可以享受汗水淋漓的快乐，无须等到丰收时，才体认"苦尽"以后所换到的"甘来"。

更何况，大部分功成名就的人，很难等到真正"苦尽甘来"的时候。就像那位设定在 45 岁要退休去环游世界的连锁店企业家，以我的观察，等他到了45 岁时，很可能会因为必须承担更多企业的责任而无法抽身，顶多就是"退而不休"，根本没有机会好好享受人生的幸福。

而人生的幸福，究竟是什么呢？环游世界，可能是其中的一种幸福。但更多的幸福是：以舒缓的心情呼吸新鲜的空气，静静观赏蓝天中飘忽的白云，闻到草原中阳光的味道，和亲密的家人一起聊天说笑，与朋友分享生活的喜怒哀乐，心安理得地好好入梦，然后愉快地苏醒，迎接充满乐趣的工作……

这样唾手可得的幸福，真的不用等到退休的那一天，只要你认清自己的方向，努力地去执行实现梦想的计划，在打拼的过程中就会体认到：幸福，其实就在身边

不差想只差做

邓　笛　译

当我和妻子准备辞掉工作到秘鲁利马去教书时，我听到了许多议论，弄得我心烦意乱。我们的朋友和同事大多认为这是一个疯狂的行为。"你们俩现在的工作多好呀！"他们说，"再说，你们会讲西班牙语吗？"

然而，这些怀疑我们精神出了问题的议论过去之后，我又听到另外一些不同的议论："几年前我也差点儿到国外去教书。""我们曾经差点儿也去了南美。""我们差点儿就辞职到国外旅行了。"我从他们的话中听到了遗憾，品出了悔意，于是我和妻子知道我们要做的事情是正确的。

我们花时间研究秘鲁、厄瓜多尔、玻利维亚和其他南美国家的地图，认识这些国家的钱币，了解印加人的土地上曾经出现过的历史名人。旅游手册上的介绍让我们想亲自到阿塔卡马沙漠、亚马孙河和安第斯山脉去看一看。

我们在利马下了飞机，乘校车去我们即将工作的地方。途中我们经过了一些印第安人的村庄，那些低矮简陋的房子提醒我们，等待我们的生活将可能是艰苦的。接下来的一年当中，我们需要自己烧水喝，我们常常因为吃不洁的食物而吃坏了肚子；我们要学当地的语言，要适应这里的生活——在这个有着700万人口的城市里有一半人用不上电，喝不到自来水；我们在大街上碰到过老鼠，曾在面临太平洋的峭壁上与一群野狗对峙；秘鲁最大的恐怖组织"光辉道路"每个月都会对城市的电力设施进行破坏，这时我会点燃蜡烛给国内的亲朋写信；当地震撼动我们的住所时，我们相拥着躲在门廊里，门外一片西班牙语的祈祷声和尖叫声。

我们徒步寻觅印加人的足迹时，在古遗址上过夜；我们艰苦跋涉八天八夜，考察了"失落的印加城市"马丘比丘；我们攀登过著名的瓦斯卡兰雪山，在印第安人的巴诺斯村庄的温泉里泡过，这个温泉有"天下第一温泉"的美称。我们的房东是一个热心好客的老太太，对待我们像对待自己的孩子一样，每天晚上都会送给我们一罐热巧克力，给我们介绍她的祖国的历史。我们在美洲最古老的斗牛场 ACHO 广场观看斗牛比赛，为斗牛士们呐喊助威；我们在亚马孙丛林的树藤上荡秋千，在丛林深处还见到了巨大的蜘蛛和蚂蚁；在亚马孙河的急流中我们勇划独木舟。

我们去了南美洲的其他国家，去了赤道的北面。我们住过一美元一宿的旅馆；我们结识了许多朋友；在横穿世界上最干燥的沙漠的汽车上，我们与一位智利商人交谈了几个小时，一会儿讲英语，一会儿讲西班牙语，享受着用一种新语言交流思想的快乐；在乌拉圭蒙特维多的一个露天咖啡店，一个男孩让我帮他修改英语作文，我相信第二天他的英语老师会对他的作文留下深刻的印象；在巴西和阿根廷的边境上，我们观看了世界五大瀑布之一的伊瓜苏瀑布。

后来，我们漂洋过海来到了瑞士的日内瓦，在那里，一个和我们一起登过瓦斯卡兰雪山的德国朋友接待了我们，还帮我们用 800 美元买了一辆二手的法国标致。我们开着这辆车游遍了欧洲。我们曾在德国山林区、英国湖泊区、阿尔卑斯山脉宿营，巴黎、阿姆斯特丹、布鲁塞尔、柏林、慕尼黑、罗马和威尼斯都有我们留下的足迹。

18 个月之后，我们回到了家，身无分文，事实上还欠了很多债。但是，我们有一书橱翻烂了的旅游手册、一箱子破损了的地图和两颗装满了回忆的脑袋。

更重要的是，我们不需要向人们说这样一句话："我们差点儿就那样做了。"

转个弯，世界会更大

李璞良

一个人都没有

一位司令官有次要执行一次危险而紧急的任务。于是他立刻召集了手下将士，排成一个长列。

"这次我们的任务既艰巨又危险！"长官眼光瞟了大家一眼，"哪位愿意冒险担任这项任务的，请向前走两步……"

此时适逢一位参谋递给他一项最新的战报，于是长官和对方交头接耳了片刻，等到他处理完战报，再面对行列中的众将士时，发现长长的队伍仍是条直线，没有一个人比旁边的人多向前两步。

他这时再也按捺不住了，"养兵千日，现在情况紧急，竟然一个人都没有……"

"报告司令！"只见站在最前排的人满脸委屈地说道："我们每个人都向前跨了两步，所以……"

我们往往在没分清青红皂白时，就急着批评别人，等到发现伤害了人家，已为时太迟。

憎恨可使人的精神死去，肉体虽生犹死，可是宽恕却可以使人重获活力。

184

你是爬不出去的

英国人雪梨·史密斯讲了这样一个故事：

苏格兰地区有很多古堡与古迹，因此传闻也颇多。

有一天，一位小学老师因为公务繁忙，所以回家已是午夜时分。在他回家的路上，需经过一个坟场，而那天刚好有人新挖了一个墓，他经过时一个不小心，便摔到了那个大坑里，可是那个大坑又大又深，使得长得高头大马的老师，怎么爬都爬不出去。后来，他索性坐在坑内，等天亮了后再说。

没想到不久后又有一个人途经此路，也是不小心而摔在坑内，只见他拼命地往上爬，当然是使出吃奶的力量也毫无办法。

"不用爬了。"那个小学老师说道，"你是爬不出去的。"

后来掉下去的人，大概以为是见到了鬼，吓得魂不附体，立刻手脚并用地往上爬，没想到三两下居然让他给爬了出来。

一个人有多少潜力，没有人知道固然可惜，更可惜的是不到千钧一发之际，都不太容易显露的。

一样是旅客

一位旅客有次在苏格兰山区迷了路，不知走了多久，才在漆黑的夜空见到一盏灯火。他定睛一看原来是一户人家，立刻兴奋地奔上前去。

"我家又不是旅店！"屋主听到他所提出借宿一晚的要求后，立刻板着脸拒绝。

"我只要问你3个问题，就可以证明这屋子就是旅店！"他笑着说道。

"我不信，倘若你能说服我，我就让你进门。"屋主也爽快回答。

"在你以前谁住在此处？"

"家父！"

"在令尊之前，又是谁当主人？"

"我祖父。"

"如果阁下过世，它又是谁的呀？"

"我儿子！"

"这不就结了！"客人笑道，"你不过是暂时居住在这儿，也像我一样是旅客。"

当晚他就在屋里舒舒服服地睡了一觉。

其实明天如何我们每个人都不知道，连生命在内，没有一样东西是永远属于我们的。既然如此，又有什么值得你争我夺？

开在哪儿都是玫瑰

叶 磊

我真不该将这些玫瑰种在这里。我不得不承认这一点。你瞧，那些蔓生的玫瑰与菊花挤挤挨挨地共处一片花槽，看上去多么古里古怪。更要命的是，这些恣意滋生的枝条还伸到从我们家房间到庭院的小径上，不时地要钩住我们的腿，抓住我们的衣袖，甚至要划破我们毫无防备的肌肤。毫无疑问，这一丛玫瑰真的是种错了地方。

不过，这也不能全怪我。当时，我种下它的时候，它可不是这么一大丛。那是一个午后，我在花园里修修剪剪忙乎了好一阵，正准备将那些剪下来的冗枝扔进垃圾时，我的一位邻居来了。我的这位酷爱养花种草的园丁邻居，当即就怂恿我从这些差点被丢掉的杂枝中挑出些种起来。

我本无意再要一丛玫瑰，但又不想太扫这位仁兄的兴，就随便从那些参差不齐的残枝中抽了一枝就近插入身边一个齐腰高的砖砌花槽。

我这样做实在是不用费吹灰之力的：一来这个花槽刚刚松过土；二来，它还有其他任何地方都无可比拟的优势：我甚至无须屈身弯腰。

我想，肯定是这个花槽还有其他什么独特的品质正好适合这一剪枝，因为，才几个星期的工夫，它就生芽发枝，并开始向四面八方疯长。每次在给它修枝的时候，我就想：一定要给它搬个地方——只要天气合适、只要有空、只要……

直到一年以后，那个花槽仍旧滋养和包容着它的这丛外来户。春天，我终于戴上园艺手套、拿起铲子，来到花园里准备为这些花丛找个新家。意外地，我发现在这丛绿色中，有生以来第一次萌出了几个稚嫩的花苞。它会开出什么样的花朵来呢？会和它的母枝拥有同样的颜色吗？强烈的好奇心升上来，漫过了我那本来就已迟到的决心。我想，还是等它开过花再移走吧。

结果，从那一年的3月起，贯穿整个4月份，一直到5月，这一丛花让我们饱饱地美享了它桃红色的美丽灿烂。当最后一朵花儿凋谢时，我再次来到花园拿起我的工具，这一次，我可真的要行动了。

可是，我把它们安置在哪儿好呢？我不由自主地想起，当它们花开烂漫，自己从房间的窗户一次又一次地欣赏如画美景的日子来。要不是种在地上，我又怎能有幸看得到如此风光？要不是它们的枝叶延伸到花园小径，我又如何能将这丛纷纷攘攘的花朵全部收入眼底？那些种在"合适"之地的玫瑰，我们每天又能几次走到后院，欣赏几次它们的芳影？

有时，偶尔有点错位，比起永远循规蹈矩的各就各位来说，能给我们带来更多的欢愉。

我将铲子丢到一边。

我想，只要我们还住在这座房子，我就会让这丛玫瑰待在那儿了。每个春天，我们都会急不可耐地守望着它的第一枚花苞，然后美美地在它慷慨的开放里沉醉一个春季。

这花种错了地方吗？也许。

可它却找到了最好的地方，真的。

做自己才是最重要的事

米 粒

早年当班主任的时候，我接触过一个"问题生"，叫小敏。其实她成绩很好，是班里的尖子生，文科、理科样样精通。每个课间都见她捧着一本厚厚的书，如饥似渴地阅读。就是这么优秀的一个人，却很少和同学互动。慢慢地，大家开始在背后叫她"梅花"，因为觉得她傲雪凌霜，实在太高冷。

能明显感到，刚开始她还有点儿尴尬。比如谁都不愿意和她在一个组讨论问题，因为她不说，大家很少能想到答案，可她说了，她就变成全场的焦点。所以每一次落单，小敏都显得有些不自在，这种不自然又助长了大家对她的审视和苛责，久而久之，小敏也就没有融入集体的意愿了。

在那时候，这属于一个挺大的问题。因为我们的教育讲究尊重老师，团结同学，一定要有集体观念。每次见她一个人进进出出，单独行动，老教师们都会善意地提醒我："人啊，是群居动物，怎么能不合群呢？其他人都能融入，为什么她不能？难道是集体的问题吗？"

我顶着压力决定找小敏谈一次。那天放学，我看她一个人在教室里埋头拖地，就走过去问："小敏，你们组的其他人呢？"小敏忽然仰起下巴，很快又摇了摇头，继续埋头拖地，不再说话。

我和她一起收拾完教室，就拉着她来到洒满夕阳的操场。其实那时候找她谈话，不仅仅是出于班主任的关心，我更想知道一个13岁的孩子，是不是真的有勇气和孤独较量。

现在回想起来，我的开场白有点儿不自然。我们先交流了最近看的几本书，其中她提到了作家理查德·耶茨的《十一种孤独》和威廉·戈尔丁的《蝇王》。然后我小声地问她："每天看书辛苦吗？在学校的时候快乐吗？"

小敏思考了几秒，坦言一开始觉得有些别扭，也尝试在课间放下书本，和同学们一起玩耍。可她根本不知道其他人嘴里说的那些明星，即使想说，也插不上话。小敏笑着说："我曾问自己，放下书，去和同学聊那些不感兴趣的人和事，我能坚持多久？一天，一周，还是一个月？可那样的我，还是我吗？后来，我就想通了。每个人的人生都不一样。别人已经有人做了，我还是安心做自己吧。"那天的小敏，从容自若地走在暖洋洋的阳光里，微闭着双眼，周身都是温柔的余晖。这么多年过去了，这一幕始终让我难以忘怀。

所以，我们真的很难用世俗的观点去界定每一种鲜活的人生。你喜欢高朋满座、歌舞升平，并不代表孑然一身、离群索居就一定不好。人的机体对外界环境的改变非常敏感。天气热了，就会脱衣纳凉；温度低了，就会添衣保暖。而我们的心理更是如此。因为每个人的家庭、性格、爱好不同，所以自身的频率、波段就不同。

喜欢打牌的人自然爱找牌友，碎嘴八卦的人就喜欢扎堆聊天。当外界环境对你是一种滋养的时候，你肯定会义无反顾地投身其中，但如果周围人的价值观和你的格格不入，那你完全可以大大方方地排除干扰，坚持做自己。

前段时间，有一位谷歌首席科学家突然火了。她叫李飞飞，是全球十大顶级科学家之一，也是斯坦福大学最年轻的终身教授，在顶级计算机期刊上发表了100多篇学术论文。而她的人生经历，恰好告诉我们，做自己喜欢的事，比什么都重要。

1999年，李飞飞大学毕业，就业形势一片大好。她同时得到了麦肯锡和高盛等华尔街多家机构的邀请，却为了心中的梦想只身去西藏研究藏药，因为她从小就坚信，了解中医和藏药是了解中国文化的一个重要入口。她不愿让自己的梦想搁浅。就这样，李飞飞一直坚定地走在自己选择的道路上。几年后，她再次放弃了华尔街的高薪工作，毅然决定读博，而且选择的是人工智能和计算机神经科学专业。李飞飞说："这么多年的经历告诉我，眼睛看到的前方应该是空旷的，我们必须找准自己的方向。"

我们生长在同一片蓝天下，我们面对的是同一个世界，同一个地球。可是这相同的世界在每一个生命面前又都是如此的不同。出身与教育造就了性格，性格决定了观念，观念又生成了思维方式。

所以，我们每个人都有自己独特的视角和个性化的表达。每一种思想都会有人支持，也会有人反对。就像同样的城市，既会有人喜欢，也会有人讨厌。每个人都在用自己的观点和立场与这个世界不断地碰撞，在这一点上没有高下和对错，只有选择和取舍。

杨绛先生曾说："我们曾如此渴望命运的波澜，到最后才发现，人生最曼妙的风景，竟是内心的淡定与从容。我们曾如此期盼外界的认可，到最后才发现，世界是自己的，与他人毫无关系。"

我喜欢的一位作家所说："活着的使命绝不是尽量让更多的人接受自己、喜欢自己。活着，是为了不断找到那些真正有趣的事，做一个绝不完整但十分精彩的人。"说到底，这世界只有一种成功，那就是用自己喜欢的方式，畅快淋漓地过一生。

我发现了平凡生活中的奇迹

〔美〕萨拉·班恩·布雷斯纳克

时　娜　译

20 世纪 80 年代中期，有一次吃完饭，我发现杞人忧天并非无稽之谈：天真的会突然塌下来，并且化作一块巨大的屋顶镶嵌板落在我头上，把我砸倒在桌子上。

头部的伤让我一连几个月卧床不起，神志不清，丧失判断力，并且在一年半的时间里生活能力不健全。在恢复期的前几个月里，我的感觉都是有偏差的。这时，有个不可思议的情节没有征兆地来到我面前：海伦·凯勒启发我们去沉思默想。我的视力很模糊，而且对光非常敏感，所以卧室的帘子必须一直垂着。甚至连床铺被子上的不同图案都会惊扰我的平静，因此必须把被子翻过来，只露出里面那光滑的细棉布。

我不能听音乐，因为那会令我眩晕；我也不能在电话里与人交谈，因为如果没有可视的线索，比如嘴唇，我就无法处理耳朵接收到的声音，无法在脑子里把它们重新组合以表情达意。

我不能品尝食物，或者闻小女儿刚洗过的头发的甜美香味儿。在那些日子里，连最轻微的碰触都是疼痛的；一片轻如薄纸的东西放在我赤裸的腿上，都成了不可承受的重负。把运动衫捋过我的胳膊肘，那举动所引起的战栗就像手指甲划过黑板一样。

我当时认定，我已经痛失其他感觉，它们与我这一生再无缘分。就像一只猫失去它的胡须，我失去了平衡感，以及对深度和距离的感知。因为这次事故，我不再享受最亲密伙伴的安慰——书面的和口头的文字，更别提谋生了。我不得不整天在床上度日，不能跟我的家人在一起，不能照顾我的女儿……我失去了身份感，如果我不是个妻子、母亲、作家，那么我是谁？我的幽默感、空间感、意志感、安全感，还有最重要的安宁感，都消失了。

这些混乱的副作用持续了好几个月，并且以我难以想象的方式影响着我的生活。由于不能清晰地说话，也不能运用理解力去阅读，因此我充满羞耻感。在我可以下床活动之后，也从来不敢迈出后院一步。我甚至不愿意去拜访朋友，这又滋长了我的孤独感。我的每一天都充斥着无边的失落感，而在夜晚，涌上心头的又是对未来的无限恐惧。

如今在纸上向你们描述那些艰难的日子，又惹出了我的眼泪。不过，正如罗伯特·福斯特所说："作者没有眼泪，读者就没有眼泪；作者没有笑声，读者就没有笑声。"感谢上苍，我的故事有一个精彩的、神话般的结尾。但是，如果你在18年前说我不仅会奇迹般痊愈，而且还将成为一名颇受欢迎的作家、出版者和演说者，我会认为你是残酷的人，并立刻把你赶走。

在那个知觉混沌的时期，我痛苦地一遍遍问苍天："为什么是我？为什么会这样？为什么是现在？"但我遭受灾难的那个时期，正好创造了一个绝佳的良机，让我集中精力关注心灵。有很多精神上的珍贵体验有待我去体会，我将成为大炼金士的学徒——学习这个时代的秘密：如何把铅块变成金子。

在这些发现中，最主要的是："惊喜"是天堂另一个不为人知的名字，天堂总是存在于你最意想不到的时间和地点。摩西在一片燃烧的矮树丛中找到了他的天堂，而我，是在一罐自制的意大利细面条作料中找到的。在一个寒冷的夜晚，你会发现天堂就在柔软的毛毯里，带给你无微不至的温暖；疲惫时，你会发现天堂就在那一口甘菊茶里，为你带来暖暖的抚慰，以及花园玫瑰的芬芳。

在我遭遇事故之后，意大利细面条作料是我在几个月里能够清清楚楚闻到的第一样东西。一个好心的朋友送来的礼物正放在炉子上炖着，当那股芳香飘到我房间时，我简直不敢相信自己的鼻子。那味道陌生而又似曾相识，有大蒜、洋葱、深紫西红柿、胡椒和牛至。我怀着难以名状的欣喜，循着那味道下楼，来到了厨房。我高兴得要命，我发现了平凡生活中的奇迹，并且知道我的生活将从此改变。

我几乎精神错乱了，拿起一只调羹伸进那作料炖出的汤里，然后放进我的唇间。虽然嗅觉和味觉是两种最接近的感觉，但我还是无法尝出那汤的味道，只能辨别它的温度和口感。不过没关系，能够呼吸到正常生活的美丽香味，我已经感激涕零了，再无其他奢求。我到楼上洗手间拿了一罐清洁剂。对！桉树味的，然后拿了地下室地板上的脏衣服。这突然好转的迹象给了我很大的鼓舞，以至于我产生了洗衣服的冲动。好几个月没有做这种日常生活的琐事了，我发现这项最普通的家务其实很神秘。当我把脸埋进温暖的衣物，深深呼吸新鲜衬衫的芬芳时，我清楚地感到了天堂正用爱意将我拥抱。

在接下来几个星期的幸福时光里，我像好奇的猎犬一样出声地嗅着，并凭着像我的小女儿一样非凡的惊奇感，重新认识了生活的面目。接着我恢复了味觉，然后是听力、视力和触觉。每一种感觉的恢复都用最感性的方式给我带来精神上的启迪，因为它向我展现的不仅是一个前所未有的崭新世界，而且还有一个前所未有的崭新女人，正伸开双臂拥抱生活给予她的惊喜。就像在经历了漫长而痛苦的疏远之后重修旧好一样，每一种感觉的复苏都伴随着意想不到的狂喜和突如其来的眼泪。吃一只熟透而多汁的桃子时，我流泪了；看到耀眼灿烂的阳光流过刚刚擦洗过的窗户时，我流泪了；聆听音乐也惹出了我的眼泪；还有我能够穿上最喜爱的运动衫的时候。

曾几何时，我甚至闻不到鼻子正下方东西的味道，我为自己这种能力的严重缺失而头疼、羞愧。我发誓，我永远不会忘记。我在生活边缘的那段经历已经结束了，我像一个纵欲者一样，生机勃勃地敞开感官的每一个毛孔，新生活正在拉开帷幕。

我终于与我灵魂的配偶重新结合在一起，我也想让你们与我一同为此陶醉。我已经满怀热情地爱上了生活——尽管"他"有着各种各样的坎坷、妥协和矛盾；生活也热情洋溢地告诉我，除了我自己对自己的爱，我是如何被爱着。相信我，你再也不会找到一个像生活这样的爱人，崇拜你，需要你，爱抚你，拥抱你，取悦你。所以，请每天给我几分钟时间，我们来聊聊生活。你不会有任何损失，除了你的不满、气馁，以及无论已婚还是单身都会拥有的一种隐秘而深刻的孤独感——也许连你自己都还没有意识到。

至于收获，你会发现人间天堂，并且轻歌曼舞地走向那天堂。

和命运死磕

小马哥

有那么几年，曾经的同学或工友来北京出差、旅游，我所工作的中央人民广播电台成了他们必到的地方，仿佛这也成了一个旅游景点。他们在参观完我的工作环境，尤其是看完传说中的直播室后，总会说一句："原来，你真的在中央台做播音员，而不是修车啊！"

我哑然失笑。在故乡做汽修工10年，修车是我赖以生存的技能。在他们的眼中，我即使离开了那个汽修厂，要养活自己，也还得靠这项技能。而且，在他们的意识中，能进中央人民广播电台工作，尤其是做播音员，没有耀人眼目的学历，那是不可能的。

他们和我是同学，知道我的起点：父母早亡，中学未毕业就开始修车，和他们一样在戈壁大漠度过自己的青春年华。即使在我工作的汽修厂的广播站，我也没能当上播音员，怎么我离开故乡3年多，就进了中央台工作？所以每一次，他们问起这个话题，我都不知怎么回答，就只好说："我只是走运而已。"

只有我知道，人生，哪有那么多的好运气。

是的，我起点低，初三只上了不到一学期就辍学了，至今也没有一张中学毕业证。在故乡，我只能做最辛苦的工作。而广播站的播音员都是相关专业的人才，与我是毫无干系的。

幸好，在故乡修车的 10 年中，我遇到了广播和书籍。它们打开了我通往外面世界的窗口，也支撑着我脱下沾满油污的工作服，走出那片我曾流汗、流泪的土地。

寻梦的路是崎岖的，初来北京没几天，我就感到了诸多不适应。先是住宿问题，一位同乡帮助联系了学校负责管理宿舍的老师。当时还算幸运，恰巧是暑假，宿舍空余的床位较多，我便很顺利地住进了学校。

那间宿舍里有 4 位同学，尽管已经放假，但他们都没有回家，整天在宿舍里。而我这样一个外人突然闯进来，打破了他们的平衡，他们很不习惯，试图撵我走。

后来某个晚上，我实在受不了他们的吵闹，又不好意思开口请他们安静下来，就在操场待了整整一夜。那年我 26 岁，他们都比我小，在他们看来，我这个大龄青年和他们根本就不是一路人。

如果在以前，我可能会跟他们理论几句，但是当时我身上的钱很有限，外面的招待所绝对是住不起的，也只有这收费低的学校宿舍我能住得起。所以，我必须让他们接纳我。

于是从那天起，起床后，我主动收拾宿舍，打好开水。午饭时，他们若还没有起床，我就帮他们打好饭。晚上他们玩他们的，我睡我的，居然也就顺利入睡了。几天下来，我们熟悉了，他们也就不好意思再这样对我了。

不过，这还只是一个小插曲。生活，逐渐向我展示了它残酷的一面。从老家出来，我身上只有 3 万多块钱，交完学费，还有一些生活费的支出，钱越来越少。课余时间，为了赚钱贴补生活，我会做点配音和解说的工作。

有一个冬夜，央视的一档节目叫我去试音，要求晚上 8 点前到。7 点半，我就到了约好的录音机房。当时,我口袋里只剩下 10 元钱,之前一档节目的配音费用大概还有一星期才能拿到。

我想,如果今晚试音顺利通过的话,我就恳求节目组的老师,看能不能预支 100 元钱,这样我就能熬过这一星期。

没想到,那天录音很不顺利,机房一直到晚上 11 点才轮到我。5 分钟的片子,我反反复复录了将近半小时才完成。从皂君庙的机房到传媒大学的公交车,末班车是晚上 12 点。如果 12 点前告诉我是否通过,即使不给我提前支付工资,让我能赶上末班车也行,10 元钱足够我回学校了。

可时间一点点过去,我焦急地等待着结果,一个多小时后,他们才告诉我没有通过,而那时已经是深夜一点半。摸着口袋里那张孤独的 10 元钱,我嗫嚅着恳求节目组的那位老师,让我在门口的沙发上睡一晚,因为我实在没有钱打车回学校了。那个年轻的老师看了看我,勉强答应下来,叮嘱我天一亮就得赶紧离开。

那一夜,失落和怀疑让我无法入睡。

播音是我一直以来喜欢的事情,为了它,我背井离乡,千里迢迢来到北京学习。可是,我居然连一个节目组的配音要求都达不到,那将来,我还能依靠这个生活吗?

那个冬夜,我蜷缩在录音机房的沙发上,孤独落寞,直到天色渐明。

很多年之后,每当我路过北京皂君庙的那家机房,总会想起当年的那一幕。我真想走到那个在暗夜里伤怀疲惫的年轻人身边,陪他坐下来,告诉他这点小挫折不算什么,谁的娴熟技能不是从失败中一点点积累起来的呢?在错误中总结经验,然后经过千百次的锤炼,你肯定会越来越精进,越来越成熟的。没关系,坚持走下去,你总会迎来明媚的阳光。

也就是 26 岁那一年,我通过了成人高考,先后进入中华女子学院、中国传媒大学学习。

这些年，每当我失去斗志的时候，我都会回到我在女子学院读书时住过的那个地下室看看。

北京，北四环小营世纪村小区。我曾住在这个听上去很气派的小区里的一个由防空洞改装而成的地下出租屋里。顺着楼梯往下走，楼梯很狭窄，下面却别有洞天。

第一次进去，那条一眼望不到头的长走廊深深地震撼了我——恐怖片也不过如此吧。走廊两边是密密麻麻的木门，木门上头便是一个巴掌大的排气口，每个门上边都有一个号码。走廊尽头的那间房，就是当时我和同学一起租住的地方。房间很小，大概只能放下三张单人床和一张小桌子。唯一让我觉得给房间增加了几分色彩的，是桌子角落里堆得高高的一摞书。

这里房间与房间之间的墙就是很薄的一块板，没有丝毫隔音的效果。半夜人走过大声吵闹的声音，不远处公共卫生间冲水的声音，舍友们熟睡中打鼾的声音，都清晰入耳。然而，当生活将隐藏的伤口赤裸裸地撕裂给我们看时，除了接受，我们还能做什么？

生活可以廉价，但梦想不可以。正是在这样的环境里，我越发懂得，梦想，唯有努力争取，才会有曙光乍现；只有坚持不懈，它才会向你露出笑脸。

其实，这世界上哪有什么顺风顺水，生活里，哪有什么一步登天的快捷方式！远方的目的地都是一步一个脚印踩过去的。其中，你会走过泥泞，面对困难，经历磨难，每一件事情都有可能打败你，让你投降放弃。只有跨过去，战胜它们，你才会成长。

人生就是在这样不断地轮回。也只有死磕到底，你才会最终获得想要的东西。

一条路走到黑的家伙

张 炜

打开文学史，也许会发现，无论是中国还是外国，一些作家一生都在书写一个大的主题。当然某个阶段会有一些旁逸斜出，但大体上还是一直向前的。比如托尔斯泰、鲁迅或李白、杜甫，再比如当代的马尔克斯和索尔·贝娄——他们笔下的人物和故事，以及故事的背景，已经在相当程度上固定化了。

打开索尔·贝娄的书，发现他永远在写一个犹太知识分子：穷困潦倒，面对诉讼和逼迫，面临着离婚等问题。有时候我们会有些不满足，会想：怎么又是犹太人？怎么又是这一类故事？但是作家特别自信，也特别有力量，所以他们才敢一直这样写下去。这个难度很大。

一个画家可以无数次画一朵梅花，画几只虾、几匹马，画得再多、再重复，不但不被诟病，反而会获得赞美，他会因此被称作画梅、画虾的大师，画马的大师。但作家不行。作家在写作对象以及其他方面的重复，一定会被指摘。所以从事文学创作，路会越走越窄。这次成功地写出一种人物，下次就得绕开，而且还得绕得很远；写出一种思想，以后离这种思想得远一点；采用一种结构，以后离这种结构方法也要有点距离。

但正因为如此，文学对整个文化传承和文化积累，才具有最重要的意义，思想和文化艺术的含量也最高。所以说文学是文化的核心部分，是文化结构的核心。

文学之所以具有这种崇高的地位，是因为它具备极端的发现和创造的属性。这种创造形式逼迫创造者不断地走向深处和高处，直到最后抵达。

可是那些大作家一生诠释的却几乎是同一个主题，表现的是同一个生活领域。因为这些作家有更大的野心，有特别的自信和能力。只有一般的作家才不停地变换，从主题到人物，再到故事。他缺乏持久的探索力和创造力，没有走向纵深的坚韧的开掘力，所以只能更多地求助于外部色彩的变化。

杰出的作家面临着更大的风险，但是他们都挺住了，胜利了。他们作品的细节让人感觉似曾相识，人物或场景似乎在某些时候闪现过——如果耐心地读下去，又会发现探索的重心已经转移了。不同的作品汇合起来，形成了一条浩浩荡荡的河流。他不断地拓展这条河流的宽度和深度。

托尔斯泰也许一生都在写"托尔斯泰主义"，所谓的勿以暴抗恶。马尔克斯一辈子在写孤独和魔幻。福克纳总是写那个庄园以及土地的故事。他们一生的主题是贯穿始终的，描述的生活领域也是相对稳定的。可是这非但说明不了他们创造力和想象力的萎缩，反而表明了他们更加强大，更有自信。事实上只有他们才能够这样做。

他们不需要外部色彩的装饰，不需要变来变去的机灵。他们走在一条大路上。

当然，重复是可怕的，不仅是情节的重复，还有语言的陈旧、思想的停滞、意境的狭窄。故事倒是容易出新，描写领域也容易挪移，但是对于艺术和思想的开掘，对于人性经验的延伸，往前走一寸都是困难的。

杰出的作家在这些根本的方面是日益精进的，在一些领域、一些方面持续追究、寻根问底——只有不会阅读的人才会说他们重复，不知道这种"重复"，恰恰是最困难的。